感悟人生

一句话点亮人生

宿文渊 编著

中国华侨出版社

·北京·

　　人生就像一次任重而道远的旅行，处处存在困难与挫折，有时我们会因为困难或挫折而失去信心，甚至放弃对美好生活的追求。如果在恰当的时刻、恰当的时机有一句点亮人生的话来勉励、来警醒、来温暖、来帮助我们，我们就能重拾信心、战胜困难。这就是一句话的力量。每一只蝴蝶，都好似一朵花的轮回；每一句话语，又仿佛是人生前进的旗杆。有时我们会错过、会轻视、会忽略，但它的力量是真实存在的，只要你懂得思之、悟之。一句心灵悟语，足以让我们受益一生。因为它是经验、是教训、是情理、是光芒、是雨露，是一双充满信任的目光。

　　一句话可以使人顿悟，一句话可以催人泪下，一句话可以影响一个人的一生。人生是人类永恒的主题，古往今来，哲人志士对此众说纷纭，感慨良多。海伦·凯勒凭借"把活着的每一天都看作是生命的最后一天，也许这真的是最后一天"，不仅改变了自己的世界，同时，她的散文代表作《假如给我三天光明》以一个身残志坚的柔弱女子的视角，告诫身体健全的人们应珍惜生命，珍惜造物主赐予的一切，也给千千万万生活在这个世界上的人们带去了光明。贝多芬凭借"我要扼住命运的咽喉"，谱写出人类精神上最强的《命运交响曲》，激起我们对人生遭遇的满腹感慨与深深的思考。这位听不见的巨人，在18世纪的古典乐坛掀起了阵阵狂澜。海明威凭借"一个人可以被毁灭，但永远不能被打败"的坚定信念，以站着写作的独特习惯完成了颠峰之作《老人与海》，成就了他在文学史上的地位。这位"文坛硬汉"被誉为美利坚民族的精神丰碑，并且还是"新闻体"小说的创始人。而伟大的亚历山大大帝只凭借"希望"两个字，就敢为自己的理想抛下所有财产远征波斯。这位具有雄才伟略、骁勇善战的军事天才，使得古希腊文明广泛传播……一句激励人心的话，一句给人启迪的话，一句让人豁然开朗的话，一句让我们享用一生的话，如一缕缕天籁之音感染着我们，仿佛人生路上的一盏明灯，照亮我们一辈子！

有一种生活，你没有经历过就不知道其中的艰辛；有一种艰辛，你没有体会过就不知道其中的快乐；有一种快乐，你没有拥有过就不知道其中的纯粹。每个人的生活中都会有一些最关键的时刻，这些时刻我们会称为人生的关口。在这些人生的关口上，也许一件小小的事情就会改变以后的人生轨迹。对很多人来说，在这个关口上，有时仅仅是一句话，就起到决定性的作用，让人受益终身。成功，从读懂一句话开始！读懂一句话，并真正领悟，就可以少走很多弯路，往往就此改变你的一生。

第一篇 人生，诗意的栖居地

PART1 认识你自己

PART2 人在旅途，心安即家

PART3 常将宽心慰自心

第二篇 这辈子只能这样了吗

PART1 命运到底由谁掌握

PART2 尽人事，听天命

PART3 你是否配得上自己所受的痛苦

第三篇 你幸福了吗

PART1 幸福有标准吗

第七篇　事业：灵魂安身立命的时空

PART1 该做还是想做

感悟人生 一句话点亮人生

第九篇　友情是调味品，也是止痛药

第十篇　爱情：情为何物，竟让人放不下

我无惧风雨，但挡不住最信任的人的背后一枪！

第一篇

人生，诗意的栖居地

PART1 认识你自己

聪明的人只要能认识自己，便什么也不会失去

——尼采

智慧悟语

在繁杂纷乱的现代社会中，人们或为学业孜孜以求，或为生计四处奔波，或陷入爱情旋涡无法自拔，或为生活中的琐事烦躁不已。你有没有觉得自己越来越像机器，每日按部就班，却几乎从未真正体验过自己的内心？我们所体验的自己，实际上是他人认为我们"应该是怎样"的人。你是否曾发出"我迷失了"的感叹？

也许你在事业上颇有成就，是众人眼中的成功人士。然而，是否有一天你的心头突然袭来一阵莫名的空虚，你感觉自己无所依傍，眼前所追求的一切似乎都失去了意义？你不清楚自己究竟得到了什么。你想到自己很久没回家陪家人度周末了，你看到曾

经最痴迷的吉他早已蒙上了灰尘。也许你是一个平凡无奇、毫不引人注意的人，当你看到身边的人生活得多姿多彩时，你忍不住问："为什么我的生活这样乏味？好机会为什么不眷顾我？"无论你是前者还是后者，总免不了感慨自己没有这个，失去那个，最终连自我也找不到了。

老子云："知人者智，自知者明。"看清自己是我们成功的必然，这样我们就不会因为外界的变化而迷惘若失。如果能对自己明察秋毫，那么你就能感受到自己的充实饱满。做一个认识自己的聪明人，你就"什么也不会失去"。

点亮人生

直到今天，能真正认识自己的人又有多少呢？

哲学家叔本华在参加一次名流云集的沙龙时，他精彩的演讲使在座的人们赞叹不已。

一位贵妇人忍不住问道："先生，您真是一位杰出的人物，您能告诉我您是谁吗？"

"我是谁？"叔本华停顿了一下说道，"如果有谁能告诉我这一点就好了。"

现实生活中，科学技术日益发展，人们对未知世界的了解日趋丰富，却开始与自身背道而驰。我们始终在向外追寻，却恰恰忽略了自己，忘记时时反观自己的内心。所以常常可以见到，有些人谈事时滔滔不绝，做事时却束手无策；有些人过于自信和自重，也有些人往往自轻自贱；有些人身处顺境时便心安理得，陷入困境时又自暴自弃；有些人喜欢批评别人，却最容易原谅自己。如果我们不了解自己，等待我们的便是迷惘和失败。

许多人面对"自我评价"时往往字尽词穷，反而问身边的人"你觉得我是怎样一个人呢"。六祖慧能曾对前去问禅的人说："问路的人是因为不知道去路，如果知道，还用问吗？生命的本原只有自己能够看到，因为你迷失了，所以你才来问我有没有看到你的生命。"当人迷失在对自我的找寻中，又怎能以一种坦然与平和的心境迎接生命更多的挑战？

认识自己并非一件易事，须像登山一样一步一步跋涉。但在这个过程中，你将发现每前进一步都会看到更美丽的风景。

感悟人生 ❀ 一句话点亮人生

人应尊敬他自己，并应自视能配得上最高尚的东西

——黑格尔

智慧悟语

生活中，总有些人惯于拿自己的短处去比他人的长处，越比越觉得己不如人，渐渐变得自卑起来。自卑者通常一味地专注于自己的弱点和不足，对自身的能力和素质评价偏低。自卑感的产生，其根源在于不能接受用现实中的实际状况或尺度来衡量自己，却用愿意相信或假定应该达到的某种标准来认识自己。

妄自菲薄同妄自尊大其实一样，都会扰乱正常的视线，令你看不到真实、完整的自己。当一个人自卑到完全否定自我的程度时，就会觉着自己只是站在他人的光芒的阴影下，围困在他人的气息中，失去了自我的风姿，失去了自我的芬香，变成一个木讷愚蠢的人。

词人林夕有一句话写得好：谁都是造物者的光荣。世界上的每一个生灵都有其闪光点。无论人或物，完美无缺和一无是处都是不存在的。一个人也许逻辑思维不强，也没有熟练掌握各种语言的天赋，但他在人际交往方面却有特殊的本领，知人善任，有高超的组织能力；也许一个人对数理化一窍不通，但他想象力丰富，善写作、绘画；也许一个人对音乐反应迟钝，但他有一双极

其灵巧的手，能编织各种各样的饰物……

　　每个人都是独一无二的，亦正因如此而有权利好好地活在这个世界上。自己先要看得起自己，心怀"天生我材必有用"的浩然之气，发现优势，善待不足，描绘出一幅色彩斑斓、明暗均匀的自画像。

点亮人生

　　其实，一些人的自卑感之所以如此强烈，很多时候与内心的贪婪和旺盛的占有欲有密切关系。当看到他人身上的某种优点，自己十分希望拥有它，却发觉几乎不可能拥有的时候，内心深处就很可能生出一股沮丧，一种难以自我救赎的绝望。于是，自身所拥有的优点都因思维受此蒙蔽而遭抹杀，自卑感自然就产生了。人性的弱点，诸如怯懦、猜疑、嫉妒，等等，皆可因严重的自卑感而衍生，贻害无穷。

承认他人的优点并且加以欣赏、赞美，这固然是一种良好的品质。以此试图来改善自己，本亦无可厚非。但纯粹拿他人的优势来贬低、否定自我，陷入自卑的误区，就实在是无谓之举。

大可不必老是将自己同他人比，尤其莫拿自己的短处比他人的长处，更莫贪求拥有他人之长。"任他怎说安守我本分"，自己的分量自己心中有数，那么你的人生字典中就没有"自卑"二字。

森林里当然有许多参天大树，可也有许多野花、小草。野花虽娇弱，却独具幽香；小草虽绵软，但亦能滴翠。自卑者应该坦然面对自己。内心深处坦然了，便自会耳聪目明，把自己的容颜看得清楚，将自己的心声听得明白，潇洒人生，不过如此。

骏马能历险，力田不如牛；坚车能载重，渡河不如舟

——顾嗣协

智慧悟语

千里马能跋山涉水，却没有老牛耕田的本领；车子能承载重物驰骋平川，却不能有舟泛河上的能耐。清代著名诗人顾嗣协的这段话富有寓意。上帝对待每一个人都是公平的，让你拥有了

某一样东西的时候必然会让你失去另一样东西。有的人坐拥万贯家财但没有健康的体魄，有的人没有闭月羞花般的美貌却拥有着非比寻常的智慧，有的人没有魔鬼般的身材却有着天籁般的歌喉……

现实生活中，为什么有的人在平凡的工作中，却干出了不平凡的业绩，而有的人终生都一事无成呢？问题不在于一个人的"天赋"有多高，而在于人们常常难以认清自身拥有的、最突出的、上天赠予的、不同于别人的优秀本能。无论处于什么样的困境，每个人都要相信自己身上永远有着一张拿得出手的牌，在生活中不断地发掘自身的潜力、认识自我，就可以在关键的时候打出这张王牌而获胜。

人们常常不明白自己身上最突出的优点是什么，存在于自己身上的财富是什么，所以迷茫不堪。每个人的身上都有着自己独特的地方，倘若我们能够充分了解自己较之于别人出色的地方，再了解自身最有特色的地方，存在于每个人自身的宝藏如果有一天被发掘出来，从而充分发挥作用，那么人生自会过得多姿多彩。那么它的威力会是很大的。

点亮人生

想成功就要扬长避短，最大限度地发挥自己的优势。只有发挥自己的优势，避开自己的劣势，才能很好地利用自己手中的牌。

每个人都有自己独特的天赋。我们应该做的是将自己的长处发挥到极致，而不是每天在"人无完人"的感叹中虚度光阴。如果你能扬长避短、顺势而为，将自己的优势发挥得淋漓尽致，就会事半功倍、如鱼得水；如果你选择了与自身爱好、兴趣、特长"背道而驰"的职业，那么，即使后天再勤奋弥补，耗费了九牛二虎之力，也是事倍功半，难以补拙。因为，才干是一个人所具备的贯穿人生始终且能产生效益的感觉和行为模式，它是先天和早期形成的，一旦定型就很难改变，无法培训。而优势，通俗的说法是一个人天生做一件事能比其他人做得好。因此，你应该知道自身的优势是什么，并将自己的生活、工作和事业发展建立在这个优势之上，这样方能成功。

人在旅途，
心安即家

孤独是所有杰出人物的命运

——叔本华

智慧悟语

马克思一生漂泊流离，他在大英图书馆，在自己的小书房中孜孜不倦，历时40年，完成了《资本论》；达尔文孤身踏上贝格尔号舰，进行环球旅行，用20年的时间写出《物种起源》；托尔斯泰为理想而生活，常年居住在郊外的小屋中，老年更是独自外出流浪，用7年的时间写成《战争与和平》；司马迁痛遭宫刑，在屈辱中用15年的时间写成《史记》；李时珍行医救人，常常远涉深山旷野，遍访名医宿儒，用27年的时间写出《本草纲目》；徐霞客只身游走于大江山河，用34年的时间写成《徐霞客游记》；曹雪芹一世孤凄，批阅十载，增删五次，著成《红楼

感悟人生 ❀ 一句话点亮人生

梦》。漫长的不只是岁月，还有他们坚守自我的历程。杰出的人物，传世的名著，是在多年的孤独中练就而成。没有风光煊赫，没有前呼后拥，只有清灯一盏，孤身上路，却成就了不朽。

"论至德者不和于俗，成大功者不谋于众。"凡成就大业者都是能耐得住寂寞的，他们在寂寞、冷清、单调中扎扎实实地做学问、在反反复复的冷静思索和数次实践中获得成就。

每个人都会遇到寂寞、孤独，关键在于你是否能耐得住寂寞，享受孤独，不断充实、完善自己，从而寂寞得心安，孤独得快乐。只有经过寂寞修养和孤独洗礼的人，才能捕捉到人生的真正底蕴。

点亮人生

耐得住寂寞，是所有成就事业者共同遵循的一个原则。它以踏实、厚重、沉思的姿态作为特征，以一种严谨、严肃、严峻的表象，追求着一种人生的目标。当这种目标价值得以实现时，仍不喜形于色，而是以更寂寞的人生态度去探求实现另一奋斗目标的途径。浮躁的人生是与之相悖的，它历来以不甘寂寞和一味地追赶时髦为特征，为一种强烈的功利主义所驱使。浮躁地向往，浮躁地追逐，只能产出浮躁的果实。这果实的表面或许是绚丽多彩的，却并不具有实用价值和交换价值。

耐得住寂寞是一种难得的品质，不是与生俱来的，也不是一成不变的，它需要长期的艰苦磨炼和凝重的自我修养、完善。耐得住寂寞是一种有价值、有意义的积累，而耐不住寂寞是对宝贵人生的挥霍。

在当今喧嚣的社会中，寂寞，其实是一种清福，是一种难得的感受。轻轻地关上门窗，隔去外界的喧闹，一个人独处，细心品味寂寞的滋味。许多人抱怨生活的压力太大，感到内心烦躁，不得清闲。于是，追求清静成了许多人的梦想，却害怕寂寞。寂寞并不可怕，只要能暂时放下心中的惦念，真心体味，寂寞也是一种清静，而且比清静更有价值。

一位西方哲人说："世界上最强的人，也就是最孤独的人。只有最伟大的人，才能在孤独寂寞中完成他的使命。"古语云："居不幽者思不广，形不愁者思不远。"意思是智高者需要静静地同自己的心灵悄悄地对话，要忍受得住孤独和寂寞。能够毕生忍受孤独的人，能在孤独中不懈追求人生价值、不断创造成果的人，是最令人钦佩的。

寂寞是辉煌的前奏，人不独处，就不会有冷静而缜密的思考，不能忍受孤独、寂寞的人是绝对干不成大事的。孤独，就是将生命中最后的力量留给自己，在孤独中寻求自我，实现自我。

伟大的心像海洋一样，永远不会封冻

——白尔尼

智慧悟语

人的心灵应保持弹性。所谓保持心灵的弹性，是指做人做

事能屈能伸。刚硬的玻璃，虽然明澈，却经不起顽石的一击；细柔的藤条，因其坚韧，才充满活力。在一些场合，如在大是大非的原则上，做人应该像玻璃一样刚硬透明，但在一些细小的问题上，做人又必须像细柔的藤条一样，显示它的灵活性与多变性。所谓静水流深，平静不是静止，而是安详地涌动。如冰封一般的心灵，僵硬而冷酷，拥有这样一颗心灵的人，不仅会感觉自己活得累，也会使周围的人感到很累。

点亮人生

每个人都试图选择一种轻松的生活方式，可波动的生活又常常让人心力交瘁，加上意外的打击，生命的意义变得模糊。一旦缺乏弹性，生命更成了易碎品。追求心灵的轻松和自由，过内心宽松的日子，并非游戏人生，轻松的感觉可以让生命减少消耗。要想尽可能多地获得别人的认同和接受，就需要保持心灵的弹

性，只有轻松才能使彼此都享受到和谐的快乐。

心灵没弹性，就是一块实心的铁砣，这样的心灵不会充满生机和活力，也无法接受别人的建议。

无论是身处佳境还是面临不幸，都要学会放松自我，既不受名利之累，也不为逆境所困。以弹性的心灵带给他人所需的慰藉和喜悦，也能慰藉自己内心的安宁。

"壁立千仞，无欲则刚。"一味地刚硬，就接近于鲁莽；保持心灵的弹性，才能使心情舒畅，柔弱也可以胜刚强。

此心安处是吾乡

——苏轼

智慧悟语

苏轼的友人王定国有一名歌女，名叫柔奴，眉目娟丽，善于应对，其家世代居于京师，后王定国迁官岭南，柔奴随之，多年后，复随王定国还京。苏轼拜访王定国时见到柔奴，问她："岭南的风土应该不好吧？"不料柔奴却答道："此心安处，便是吾乡。"苏轼闻之，心有所感，遂填词一首，这首词的后半阕是："万里归来颜愈少，微笑，笑时犹带岭梅香。试问岭南应不好？却道：此心安处是吾乡。"在苏轼看来，偏远荒凉的岭南不是一个好地方，柔奴却能像生活在故乡京城一样处之安然。从岭南归来的柔奴，看上去似乎比以前更加年轻，笑容仿佛带着岭南梅花的馨香，这便是随遇而安，并且是心灵之安的结果了。

"此心安处是吾乡"，多么好的一句话！柔奴身处荒僻之地，她也没有痛苦、绝望过。身体的漂泊固然愁苦，可是倘若有一颗安定平和的心，那么在这世界上就决不孤凄；她不需要别人来为她营造一种家的氛围，而是靠内心的温暖，找到了许许多多世俗家庭中都没有的勇气与温馨。无论城市还是乡村，无论顺境抑或逆境，无论富裕或者贫穷，都要找到一个让自己心安的支点，那是你幸福的根源所在，是安妥你灵魂的精神家园。

在现代都市里，城市空间不断膨胀，生存压力不断增加，而人的心灵空间却不断缩小，小到不能存放自我的灵魂。当穿梭于城市中的混凝土建筑时，城市的高楼大厦遮住了我们的视线，更封锁了我们的心灵，生活在城市里的人群，其灵魂缺少了自由飞翔的勇气，人们不停地在都市穿行，而在灵魂深处，却没有精神意义上的家园，或许当早出的那一刻，灵魂已开始游荡。当傍晚来临时，拖着疲惫的身心回到家里，再一次把自己封存起来。在

感悟人生 一句话点亮人生

漫漫黑夜中，游弋的灵魂并没有停止，在灯红酒绿的背后，再也找不到灵魂驻足的空间。

当人们在不停地寻找情感的寄托时，希望有一个心灵长久的驻足地。何不解开心锁，以一种达观的心态面对人生，那么，蓦然回首会发现，任何一处都是存放心灵的家园，此心安处是吾乡。

点亮人生

浮躁的都市中，匆匆行走的人们，似乎没有片刻的驻足。迷茫的眼神中，充斥着无奈。一颗心何处安放，游弋的灵魂不知何处栖息。游走在无数的都市中，却没有自己精神上的驻足地。内心深处才知道，这些原来是别人的。古人云："储水万担，用水一瓢；广厦千间，夜卧六尺；家财万贯，日食三餐。"贪欲无用而有害，当正心诚意，追求精神的富足。

心安，须常戒浮躁之心。心浮气躁，则易失心智，使人难

以做出正确的决断，不能潜心静气地干自己该干的事。或急功近利，随波逐流；或患得患失，怨天尤人；或迷失自我，身心疲惫。如此不但于工作事业有害，于自己亦是苦不堪言。唯有戒浮戒躁，静思工作图的是什么，做的是否科学正确，才会不受干扰、不受诱惑，脚踏实地、坚定不移地干下去，如此必心安。安在尽责尽职地实干事、干实事、干成事。

心安，要常弃非分之想。有的人梦想一鸣惊人，一步登天，总是恨职位低、恨收入少，就是不知自己几斤几两。非分之想，表面上看是心态的问题，实际上是世界观、人生观、价值观的问题，事关人生的根本。一些人或为名所累，或为利而忧，或享乐至上，或以丑为美，在人生的道路上走了这样那样的弯路，关键就是没有将人生的方向把握好。每个人都应当正确看待个人的荣辱得失，得意时不忘形，落魄时不沉沦。宠辱不惊，静看花开花落；得失无意，漫随云卷云舒，这才是应有的境界和胸怀。正如白居易所言："我生本无乡，心安是归处。"

PART3 常将宽心慰自心

不要让我祈求免遭危难，而是让我能大胆地面对它们

——泰戈尔

智慧悟语

我们从小就学会了做游戏，在不断战胜挫折与失败中获取刺激与欢乐。假如没有挫折与失败，再好的游戏也会索然无味。人们玩游戏，是寻找娱乐，是带着挑战的心情去面对游戏中的困难与挫折，面对强大的对手，不断地损伤受挫，但越是如此，越会兴头十足。

人生就如一场游戏，我们作为其中的玩家，真的能像对待现实的游戏一样对待它吗？试想，倘若人们在生活中，也有这么一种积极向上的游戏心态，那么失败后，就不会显得那般沉重和

压抑。既然如此，我们为何不将挫折变成一种游戏，那样便会让痛苦沮丧的心情超然快活起来。二者其实并无差别，只是人们在游戏中身心放松，而在生活中过于紧张。每个人的路都不一样，但命运对每个人都是公平的，有得必有失，就看你能不能将心放宽，多往好处想。

　　人可以没有名利、没有金钱，但必须拥有美好的心情。将生活中的挫折和困难视为游戏，不是为了游戏人生，而是为了以积极的心态面对现实，从而克服困难。笑看忧愁，笑看人生，如此而已！

点亮人生

　　一个病入膏肓的妇人，整天想象死亡的恐怖，心情坏到了极点。哲学家蓝姆·达斯去安慰她，说："你是不是可以不要花那么多时间去想怎么死，而把这些时间用来考虑如何快乐地度过剩下

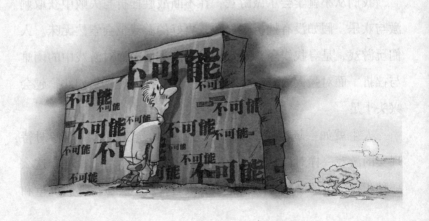

的时间呢？"

他刚对妇人说时，妇人显得十分恼火，但当她看出蓝姆·达斯眼中的真诚时，便慢慢地领悟着他话中的诚意。"说得对，我一直都在想着怎么死，完全忘了该怎么活了。"她略显高兴地说。

一个星期之后，那妇人还是去世了，她在死前对蓝姆·达斯说："这一个星期，我活得比前一阵子幸福多了。"

"苦乐无二境，迷悟非两心。"妇人学会了往好处想，坦然面对死亡。

鲁迅说："伟大的胸怀，应该表现出这样的气概——用笑脸来迎接悲惨的命运，用百倍的勇气来应付自己的不幸。"在我们的生活中，倘若遭遇到不幸与痛苦，别忘了用笑脸来迎接它们，抓住属于你自己的欢乐。

很多文学家有一个共识：当人类自野蛮踏过了文明的门槛时，就有了"相思"，有了回归大自然的永恒的"乡愁"冲动。在这份永恒的冲动中，找寻快乐是一个万古长青的话题。

托尔斯泰在他的散文名篇《我的忏悔》中讲了这样一个故事：

有个女人叫玛赛尔，曾陪同从军的丈夫一起来到拉美的一片沙漠之中。当丈夫外出训练时，她常常孤零零地独自住在被沙漠包围着的铁皮房子里，有时，甚至很长时间也收不到丈夫的一封来信。她深感寂寞，虽然当地有土著人、印地安人和墨西哥人，但他们皆不懂英语，无法陪她说话，她为此深感痛苦。

恰在此时，远方父母的一封来信给了她极大的鼓舞。信极短，却充满了哲理："两个人从牢房的铁窗望出去，一个看到了坟墓，一个看到了星星。"她恍然大悟，于是决定在茫茫沙漠里寻找瑰丽的星星。她开始努力学习当地的语言，努力与当地人交朋友，努力收集各类土产，努力研究当地的一切，包括土拨鼠和仙人掌。仅仅过了几天，她就深切地体会到，她的生活已经变得充实无比。第二年，她还将她的收获一一整理成文，出版了一本叫作《快乐的城堡》的书。她兴奋无比，她果然在茫无边际的寂寞中找到了"星星"，她再也不必长吁短叹了！

生命进程中，当痛苦、绝望、不幸和危难向你逼近的时候，你是否还能静下心去享受一下野草莓的滋味？"苦海无边"是一种消极哲学，"尘世永远是苦海，天堂才有永恒的快乐"是禁欲主义编撰的用以蛊惑人心的谎言，苦中求乐才是快乐的真谛。

宽容产生的道德上的震动比责罚产生的要强烈得多
——苏霍姆林斯基

智慧悟语

在人的一生中，难免会遇到一些对自己充满敌意的人。他们可能当面中伤自己，也可能背后陷害自己。对此我们到底应该怎么面对？是以牙还牙，还是报以微笑、仁慈和蔼？世上真正伤人的并不是别人的冷言恶语，而是发自自己内心的诅咒。诅咒别人，不能宽恕，上天也不会因为你的这种情绪而加罪于他人。是是非非，终有因果轮回。林语堂先生说，宽之者比罚之者有福。宽恕不是懦弱，不是向邪恶和诡计低头，而是去原谅那些伤痛与仇恨，是自己内心高尚和强大起来的证明。

平常的生活中，有的人今天记恨这个，明天记恨那个，朋友越来越少，对立者越来越多，自己也逐渐成为"孤家寡人"。面对许多不愉快的事情，如果我们都能够换位思考，不仅能缓和矛盾，甚至能化敌为友。

点亮人生

面对别人的伤害，最明智的做法是以德报怨，时刻提醒自己，让伤害到自己这里为止。活在仇恨里的人是愚蠢的。你在憎恨别人时，心里总是愤愤不平，希望别人遭到不幸、惩罚，却又往往不能如愿，失望、莫名的烦躁之后，你便失去了往日那轻松的心境和欢快的情绪，从而心理失衡；另一方面，在憎恨别人时，由于疏远别人，只看到别人的短处，在言语上贬低别人、在行动上敌视别人，结果使人际关系越来越僵，以致树敌为仇。宽容地帮助曾经伤害过你的人才不失为人生大智慧，以德化怨，春风化雨，是成熟人性臻至化境的象征，宽容的人生收获的必是满城桃李。

面对他人的错误，宽容的态度比严厉的责罚更能让人忏

悔。你的宽容和仁慈会让有良知的犯错者从心里感到羞愧，从而真心悔改自己的行为。以恨对恨，恨永远存在，以爱对恨，恨自然消失。

一天晚上，有位老禅师在禅院里散步时，发现墙角有一把椅子。他知道有人不顾寺规，越墙出去游玩了。

老禅师搬开椅子后蹲在了原处，果然，没多久有一位小和尚翻墙而入，在黑暗中踩着老禅师的后背跳进了院子。当他双脚落地时，才发觉刚才踏的不是椅子，而是自己的师父，小和尚顿时惊慌失措。

但是，老禅师并没有责备他，只是以平静的语调说："夜深天凉，快去多穿件衣服。"小和尚感激涕零，回去后告诉其他师兄弟，此后再也没有人夜里越墙出去闲逛了。

责罚或许比谅解看起来更能补偿自己曾经的委屈和受到的不公待遇，但只有宽容，才能真正地从内心深处磨掉伤痕。不再播撒仇恨和报复的种子，才能重拾生活的希望和勇气。

当你熟悉的人伤害了你，想想他往日的善行和对你的关怀，这样，心中的火气、怨气就会大减，就能以包容的态度谅解别人的过错或消除相互之间的误会，化解矛盾，和好如初。包容的是别人，受益的却是自己。能够不怀恨别人，宽恕了别人，和别人之间的仇怨就没有了，而坏人渐渐也会被感化。保持爱心，提高人生境界，用爱心来帮助他人改正过错，能比责骂、教训获得更好的效果，因为爱是一种包容，是一种关怀，它最具有使人改过向善的力量，从而使他人能"放下屠刀，立地成佛"。善待别人，就是从心里给自己一个幸福的理由。

人有悲欢离合，月有阴晴圆缺，此事古难全

——苏轼

智慧悟语

古人有古人的悲哀，可古人很看得开，他把人世间的悲欢离合比作月的阴晴圆缺，一切全出于自然，其中有永恒不变的真理，它于无形中，演绎着世界的多彩；今人也有今人的苦恼，因为"此事古难全"。人生在世，我们不必总跟自己过不去，也别跟生活过不去，以致生活得不滋润、不快活，关键是我们选择什么样的角度去看生活、看自己。

《肖申克的救赎》中，男主人公被冤入狱，但他始终没有抱怨，没有怨天尤人，而是积极地为出逃做准备，最终成功逃离地狱般的监狱，重获自由和新生。而与他同一天入狱的一个男子，第一天晚上就不停地抱怨不公平，结果被野蛮的狱吏殴打致死。不论遇到什么情况，让你觉得委屈、不公平，都要用宽容、平和的心态去面对，想出积极的办法去改善现状，而不是一味地埋怨。宽容他人和这个世界，便是给自己自由的生存空间。

点亮人生

有一位哲学家，当他是单身汉的时候，和几个朋友一起住在一间小屋里。尽管生活非常不便，但是，他一天到晚总是乐呵呵的。

有人问他："那么多人挤在一起，连转个身都困难，有什么可乐的？"

哲学家说："朋友们在一块儿，随时都可以交换思想、交流感情，这难道不值得高兴吗？"

过了一段时间，朋友们一个个相继成家了，先后搬了出去，屋子里只剩下哲学家一个人，但是他仍然每天很快活。

那人又问："你一个人孤孤单单的，有什么好高兴的？"

"我有很多书啊！一本书就是一个老师。和这么多老师在一起，时时刻刻都可以向它们请教，这怎能不令人高兴呢？"哲学家说。

几年后，哲学家也成了家，搬进了一座大楼里。这座大楼有七层，他的家在最底层。底层在这座楼里环境是最差的，上面老是往下面泼污水，丢死老鼠、破鞋子、臭袜子等杂七杂八的脏东西。那人见他还是一副自得其乐的样子，好奇地问："你住这样的房间，也感到高兴吗？"

"是呀！你不知道住一楼有多少好处啊！例如，进门就是家，不用爬很高的楼梯；搬东西方便，不必费很大的劲；朋友来访容易，用不着一层楼一层楼地叩门询问……特别让我满意的是，可以在空地上养些花、种些菜。这些乐趣呀，数之不尽啊！"

一年后，哲学家把一楼的房间让给了一位朋友，因为朋友家

有一位偏瘫的老人，上下楼很不方便。他搬到了最高层，可是他仍然很快乐。那人见了他很纳闷儿地问："你住七层是不是好处也很多啊？"哲学家笑着说："好处真不少！上下楼可以锻炼身体；光线也好，看书不伤眼睛；顶层还没有干扰，很清静啊！"

后来，那人遇到哲学家的学生，问道："你的老师总是那么快快乐乐，可我却感到，他每次所处的环境并不那么好呀。"

学生笑着说："决定一个人快乐与否，不是在于环境，而在于心境。"

苦恼和悲哀常常会引起人们对生活的抱怨，哀自己命运不好，怨生活的不公。其实生活仍然是生活，关键看你以什么角度观看。

每逢沮丧失落时，我们对一切感到乏味，觉得生活的天空阴云密布，看什么都不顺眼。生活中有很多时候令我们心情不好。面对落榜、面对失恋、面对解释不清的误会，我们的确不易很快地超脱。但是人有逆反心理，更多的时候可以"多云转晴"，忧郁被生气勃勃的憧憬所取代。烦些什么呢？你的敌人就是你自己，战胜不了自己，没法不失败；想不开、钻死胡同，全是自己所为。

原谅生活有那么多阴差阳错，因为它要让你学会坚强、珍惜。生活在这个大千世界，我们不得不怀着一颗宽大的心去原谅诸多人和事，因为这正是上天对我们每一个人的考验。

宽容是一种生存的智慧、生活的艺术，是看透了社会、人生以后所获得的从容、自信和超然。

第二篇

这辈子只能这样了吗

命运到底由谁掌握

命运并不是事前指导，乃是事后的一种不费心思的解释

——鲁迅

智慧悟语

命运这东西不是说算能算出来的，自己个人的努力，对命运的影响是显而易见的。

但是为什么还有人算呢？

一是因为人们恐惧，他们先入为主地相信了这世界上真的存在命运，自己的那点主观能动竟然一直是已经设计好的，他们要探个究竟。

二是因为人们无助，迫切想知道自己的努力会得到什么结果，很功利。实际上你现在的努力，肯定会影响你第二天的结

果。换句话说命运这个东西不是设计好的，而是诸多因素的共同作用。就好比你今天去算命，先生跟你说你会大富大贵，你呢很高兴，命里有时终须有，于是什么都不做了，但你不吃饭可能饿死，你不去做事，天上不会掉馅饼，此时你已经在改变你的命运了。既然改变了，那你算的那个东西就不准了。因此南怀瑾先生说命运不能算，这个靠不住。

完全相信命运，很容易招致懒惰和颓废。但是有的人又完全不相信命运，认为那全是无稽之谈。但是我们细细想我们的生活，你错过了一些东西，你得到了另外一些东西，我们不能对每一件事情都做出具体选择，很多情况下我们莫名其妙地就做了某事，将时间远远地抛在了脑后。是什么决定了这一切，一切都是随机概率事件吗？也不尽然。南怀瑾先生引用苏东坡的诗说：事如春梦了无痕。一切事情都等于一个梦，梦醒便忘，这种缘属于无记缘。总是有某种不可名状的东西，将你所

做的每件事情排列了起来，你的主观影响不能左右它，就像我们不能阻止时间的流动。

其实我们根据这个可以得出一句话来：如果相信命运，一切偶然都是必然，如果不相信命运，一切必然都是偶然。什么意思呢，就是说完全相信命运的人，本来毫无关联的事情，他会认为说这是上天安排的，所有偶然的事情都是命运的必然；而完全不相信命运的人，有自大的嫌疑，他们认为一切都是可安排的，殊不知我们一直在服从某些规则，有很多东西我们不可超越，比如时间规则，你能回到过去吗？冥冥之中，自有天意，但是人又是主动的，能在合理范围内改变我们的生活。

点亮人生

所谓命运，各人有各人的理解。有的人说命运是可改变的，他说的命运是人的状态，那当然可以改变，每天的努力，都会在现实中反映出来。有的人则说，命运是不可改变的，他说的命运实际上是指那种存在，这种存在以其不可超越的性质展现在我们面前，我们只能服从他，比如死亡、空间和时间。每个人都会在时空中留下自己的坐标。那个坐标就是相信命运的人所说的命运。世人常为此争论不休，盖因为所争辩者同名，但不是一物耳。

生命何其长，较之虫豸，但生命又何其短，较之宇宙。孔夫子说："未知生，焉知死。"他规避了超越问题，而立足现实，实际上是高明的态度，这种态度可以尽岁月，以体验年华，而不用在苦苦思索中度过一生。屈原说："路漫漫其修远兮，吾将上下而求索。"孔子比他要入世得多。

哲学家斯宾诺莎揶揄混沌老太太说她那种昏昏度日的快乐，不是他所追求的快乐，他说的快乐是什么呢？其实也是屈原的那种"求索"之乐。他们对命运都持怀疑态度，因此才去追问天地鬼神。老子就不一样了，他顺应自然的思想，实际上是出世与入世的折中，这才是命运真正应该有的面目，什么是命运呢？顺其自然。

当然对于命运的理解，在今天还是应该多元。我们处在一个剧烈变化的世界里，清净无为虽然美好，但可行性不强。完全相信命运又会减轻我们的主观能动性。唯一对我们有利的，其实是命运是可以改变的。成功不是命中注定的，而是掌握在自己的手里。时也命也，怅然一叹，无奈有余，勇猛不足，实不可取也。

人们既要相信命运，又要不相信命运，这便是命运的辩证法。说的简单一点，就是人对自身和对社会要有一定的认识，要客观、要辩证。人既要有创造性，也要尊重客观；既要看到自己和人类的力量，也要看到自己和人类的力量在自然界以及在宇宙间仍然是非常渺小的。

没有一定的目标，智慧就会丧失

——蒙田

智慧悟语

生活的全部艺术，其实可以用两个字来概括，那就是"选择"；最现实的掌握命运的秘方，其实也可以用两个字来概括，那就是"选择"。

所有的人生哲学，所有的关于人生的训导，包括先哲的教诲，都只是在告诉人们生活中应该如何选择。在这个范围里，人类的智慧就大放光彩；超出了这个范围，人类的智慧突然就淡然失色。

我们今天的任何一个选择，都关乎着我们的未来。

点亮人生

选择——是把握人生命运最伟大的力量。谁掌握了选择的力量，谁就掌握了人生的命运。

人生的任何努力都会有结果，但不一定有预期的结果。错误的选择往往使辛勤的努力付诸东流，甚至使人生招致灭顶之灾。只有正确地选择了，所付出的努力才会有美好的结果。或许连你自己都没有意识到这一点，只有当你面临困境的时候，你才会发现这种潜在的力量。

一群迁徙的野牛在行进途中，突遭数只凶猛猎豹的袭击。刚才还是悠然自得的牛群顿时像炸了窝的马蜂，惊恐地四处奔逃，躲避着猎豹，逃脱着死亡。一只只野牛在奔逃中被扑倒，没有搏斗，连挣扎也是那样有气无力，只是哀鸣了几声，就成了猎豹的食物。

一只看似弱小的野牛，就在快被猎豹追上的刹那，突然转向，全身奋力后坐，努力将身体的重心后移，奔跑的四蹄成了四条铁杠，直直地斜撑在地上，随即其身体周围腾起一股浓浓的尘土，如同爆响的炸弹掀起的浪。在这生与死的千钧一发之际，这只小小的野牛停住了。

急停下来的小野牛，不但没有被猎豹吓倒，反而转过身来，愤怒地沉下头，接着又仰起头顶起那一双尖尖的、硬硬的牛角，猛顶向冲过来的猎豹。那只不可一世的猎豹，还没有看清眼前发生的一切，就被小野牛的尖角抵住了身体，扎进了肚子，被高高地捅起，抛向空中。

顿时，情况急转直下，奔逃的野牛们还在拼命地奔逃，而其他猎豹却惊呆了，先是顿立，继而掉头逃走。

我们不知道为什么唯有那只小野牛不像它的父母兄弟姐妹以奔逃求生，而选择回首痛击，去战胜自己所面临的危机，但它的行为确实给了我们许许多多的启迪和联想。

生活中的困难有时多于幸福，人生中的磨难可能多于享乐。人不应在困难中倒下，而要努力在困难中挺起。因为当你重新做出选择的时候，你就会拥有一种连自己都不相信的力量，而这种力量会使你战胜困难，同时使你的人生像初升的太阳一样，突破云层，升起在蔚蓝的天空中。

PART2 尽人事，听天命

对人来说，一无行动，也就等于他并不存在

——伏尔泰

智慧悟语

命运是一个奇怪的事物，没有人能够真正捉摸得透。然而，这不是要我们悲观放弃，听天由命，而是要顺应时代，做好自己该做的那一部分，剩下的就交给命运来审判。如果没有做到"尽人事"，那么就是失责，对自己的人生没有负责。

我们生活在这个世上，难免有顺境和逆境之分，没有人一辈子顺心，也不会有人一辈子都倒霉。得意之时"春风得意马蹄疾，一日看

感悟人生 一句话点亮人生

遍长安花"，这是一种怎样的开心舒畅！然而，前一分钟还在开怀大笑，后一分钟有可能一个突发事情就让我们"泪眼问花花不语"。这样从天堂到地狱的转变，每个人的一生都难免会经历，上苍在这一点上倒是很公平，不会落下谁不管不问。

点亮人生

生活中的你是否还在为命运不济而哀叹呢？如果是，那还是赶紧收起这些怨天尤人的论调吧！行动起来，在行动中激发自己的潜能，说不定你也能创造奇迹。

在美国颇负盛名、人称传奇教练的伍登，在全美 12 年的篮球年赛中，为加州大学洛杉矶分校赢得 10 次全国总冠军。如此辉煌的成绩，使伍登成为大家公认的有史以来最成功的篮球教练之一。

曾经有记者问他："伍登教练，请问你是如何保持这种积极的心态的？"

伍登很愉快地回答道："每天我在睡觉以前，都会提起精神告诉自己：我今天的表现非常好，而且明天的表现会更好。"

"就只有这么简短的一句话吗？"记者有些不敢相信。伍登坚定地回答："简短的一句话？这句话我可是坚持了 20 年！重点和简短与否没关系，关键在于你有没有持续去做，如果无法持之以恒，就算是长篇大论也没有帮助。"

伍登的积极超乎常人，不单是对篮球的执着，对于其他的生活细节也是保持这种精神。例如，有一次他与朋友开车到市中心，面对拥挤的车潮，朋友感到不满，继而频频抱怨，但伍登却欣喜地说："这里真是个热闹的城市。"

朋友好奇地问："为什么你的想法总是异于常人呢？"

伍登回答说："一点都不奇怪，我是用心里所想的事情来看待，不管是悲是喜，我的生活中永远都充满机会，这些机会的出现不会因为我的悲或喜而改变，只要不断地让自己保持积极的心态，一刻也不停地去行动，我就可以掌握机会，激发更多的潜在力量。"

其实每个人都有伍登那样的潜力，但是大部分人都不能像伍登那样，时刻保持积极的心态去努力。如果每个人都能像伍登一样，那他也一定会是一个有前途的人，并且在行动中不断进步，创造奇迹的可能就会时刻存在。

上帝只拯救能够自救的人

——谚语

智慧悟语

生活中，一次次的受挫、碰壁后，奋发的热情、欲望就会被"自我设限"压制、扼杀。对失败惶恐不安，却又习以为常，丧失了

感悟人生 ❀ 一句话点亮人生

信心和勇气，渐渐养成了懦弱、犹豫、害怕承担责任、不思进取、不敢拼搏的习惯，这恰恰成为你内心的一种限制。

一旦有了这样的习惯，你将畏首畏尾，不敢尝试和创新，随波逐流，与生俱来的成功火种也就随之熄灭。

有一则小笑话是这样的：

一个人在海上航行，不幸遭遇海难落水。在他拼命挣扎的时候，有一个人划着小船过来救他。他却说，我相信上帝会救我的，那个人只好走开。一会儿又有一只船来救他，他仍然相信上帝会救他，最后他淹死了。到天堂见到上帝后，他不解地问上帝为什么不救他，上帝笑着说："我已经派了两只船去救你了呀！"

点亮人生

科学家做过一个实验：把跳蚤放在桌子上，然后猛拍桌子，跳蚤条件反射地跳了起来，跳得很高。接着科学家在桌子的上方放一块玻璃罩后，再拍桌子，跳蚤再跳，撞到了玻璃。跳蚤发现有障碍，就开始调整自己的高度。科学家把玻璃罩往下压，然后再拍桌子；跳蚤再跳上去，再撞上去，跳蚤再调整高度。就这样，科学家不断地调整玻璃罩的高度，跳蚤就不断地撞上去，同时跳蚤不断地调整高度，直到玻璃罩与桌子高度几乎相平。这时，把玻璃罩拿开，再拍桌子，跳蚤已经不会跳了，变成了"爬蚤"。

跳蚤之所以变成"爬蚤"，并非它已丧失了跳跃能力，而是由于一次次的受挫学乖了。它为自己设了一个限，认为自己永远也跳不出去，而后来尽管玻璃罩已经不存在了，但玻璃罩已经"罩"在它的潜意识里，罩在心上变得根深蒂固。行动的欲望和潜能被固定的心态扼杀了，它认为自己永远丧失了跳跃的能力。这就是我们所说的"自我设限"。

要挣脱自我设限，关键是要有一颗想成功的心。成功属于愿意成功的人。如果你不想去突破，挣脱固有想法对你的限制，那么，没有任何人可以帮助你。不论你过去怎样，只要你调整心态，明确目标，乐观积极地去行动，那么你就能够扭转劣势，更好地成长。

其实，自我设限远远没有你想象的那样恐怖，更不是牢不可破的。只要你摒弃固有的想法，尝试着重新开始，你便会对以前的忧虑和消极的态度报以自嘲。

邓亚萍自小喜欢乒乓球，但她身材矮小，在报名参加省队的时候被拒绝，于是她只有进入郑州市乒乓球队。邓亚萍开始为了自己的目标进行艰辛的练习，虽然个子矮小被认为没有发展前途，但她始终如一地刻苦训练，最终成为叱咤世界乒坛的风云人物。

很多时候，我们没有实现自己的理想，很大程度上是因为我们没有发掘出自己所有的潜力。确实，每个人的内心包含着巨大的潜能，它有着无限的力量。你必须唤醒心中这个酣睡的巨人，因为它比所谓的神灵更为有力——那些神灵都是虚构的，而你的潜能是真实的。

PART3 你是否配得上自己所受的痛苦

经一番挫折，长一番见识；容一番横逆，增一番气度

——金兰生

智慧悟语

有一本书曾经这样写道："人生活在这个世界上，总会经历这样那样的烦心事，这些事总是会折磨人的心，使人不得安稳。尤其对于刚毕业的大学生来说，刚到社会中立足，还未完全成长起来，却要承受社会的种种压力，例如待业、失恋、职场压力等折磨，而且大学生本身又是一个敏感脆弱的群体，往往在这些折磨面前束手无策。"

其实，世间的事就是这样，如果你改变不了世界，那就试着改变你自己吧。换一种眼光去看世界，你会发现所谓的"折磨"

其实都是促进你生命成长的"清新氧气"。

　　人们往往把外界的折磨看作人生中纯粹消极的、应该完全否定的东西。当然，外界的折磨不同于主动的冒险，冒险有一种挑战的快感，而我们忍受折磨总是迫不得已的。但是，人生中的折磨总是完全消极的吗？

点亮人生

　　生命是一次次的蜕变过程，唯有经历各种各样的折磨，才能拓展生命的厚度。只有一次又一次地与各种折磨握手，历经反反复复几个回合的较量之后，人生的阅历才会在这个过程中日积月累、不断丰富。

　　有个渔夫有着一流的捕鱼技术，被人们尊称为"渔王"。依靠捕鱼所得的钱，"渔王"积累了一大笔财富。然而，年老的"渔

王"却一点也不快活，因为他的三个儿子的捕鱼技术都极平庸。

于是他经常向人倾诉心中的苦恼："我真想不明白，我捕鱼的技术这么好，我的儿子们为什么这么差？我从他们懂事起就传授捕鱼技术给他们，从最基本的东西教起，告诉他们怎样织网最容易捕捉到鱼，怎样划船最不会惊动鱼，怎样下网最容易请鱼入瓮。他们长大了，我又教他们怎样识潮汐、辨鱼汛……凡是我多年辛辛苦苦总结出来的经验，我都毫无保留地传授给他们，可他们的捕鱼技术竟然赶不上技术比我差的其他渔民的儿子！"

一位路人听了他的诉说后，问："你一直手把手地教他们吗？"

"是的，为了让他们学会一流的捕鱼技术，我教得很仔细、很耐心。"

"他们一直跟随着你吗？"

"是的，为了让他们少走弯路，我一直让他们跟着我学。"

路人说："这样说来，你的错误就很明显了。你只是传授给了他们技术，却没有传授给他们教训，对于成长来说，没有教训与没有经验是一样的，都不能使人成大器。"

渔夫的儿子从来都没有经受一点挫折的折磨，他们怎么会获得成长呢？

人生其实没有弯路，每一步都是经历。所谓失败、挫折并不可怕，正是它们才教会我们如何寻找到经验与教训。如果一路都是坦途，那只能像渔夫的儿子那样，沦为平庸。

没有经历过风霜雨雪的花朵，无论如何也结不出丰硕的果实。或许我们习惯羡慕他人的成功，听到他得到的掌声，但是别忘了，温室的花朵注定要失败。正所谓"台上一分钟，台下十年功"，在他们荣光的背后一定有汗水与泪水共同浇铸的艰辛。

所以，一个成功的人，一个有点眼光和思想的人，都要学会感谢折磨自己的人，唯有以这种态度面对人生，才能算真正的成功。

每一种挫折或不利的突变，是带着同样或较大的有利的种子

——爱默生

智慧悟语

人的一生绝不可能是一帆风顺的，有成功的喜悦，也有无尽的烦恼；有波澜不惊的坦途，更有布满荆棘的坎坷与险阻。当苦难的浪潮向我们涌来时，我们唯有与命运进行不懈的抗争，才有希望看见成功女神高擎着的橄榄枝。

苦难是锻炼人生意志的最高学府。与苦难搏击，它会激发你身上无穷的潜力，锻炼你的胆识，磨炼你的意志。也许，身处苦难之时你会倍感痛苦与无奈，但当你走过困苦之后，你会更加深刻地明白：正是那份苦难给了你人格上的成熟和伟岸，给了你面对一切无所畏惧的能力，以及与这种能力紧密相连的面对苦难的心态。

点亮人生

法国前总统戴高乐曾经说过："困难，特别吸引坚强的人。因为他只有在拥抱困难时才会真正认识自己。"

有一个小伙子在报上看到招聘启事，正好是适合他的工作。第二天早上，当他准时前往应聘时，发现前面已排了20个人。

如果换成一个意志薄弱、不太聪明的人，可能会因为人多而打退堂鼓，但是这个小伙子却完全不一样。他认为自己应该动动脑筋，运用自身的智慧想办法解决困难。他不往消极方面思考，而是认真用脑子去想，看看是否有办法解决。

他拿出一张纸，写了几行字，然后走出行列，并要求后面的男孩为他保留位子。他走到负责招聘的女秘书面前，很有礼貌地说："小姐，请您把这张纸交给老板，这件事很重要。谢谢您！"

这位秘书对他的印象很深刻。因为他看起来神情愉悦、文质彬彬，有一股强有力的吸引力，令人难以忘记。所以，她将这张纸交给了老板。

老板打开纸条，见上面写着这样一句话："先生，我是排在第二十一号的男孩，请不要在见到我之前做出任何决定。"

克服困难的一个步骤是学会认真积极地思考。任何失败、任何困难均能通过积极思考来解决。故事中这个会思考的男孩无论到什么地方都会有所作为。虽然他年纪很轻，但是他知道如何去想，如何去认真思考。他已经有能力在短时间内抓住问题的核心，然后全力解决问题，并尽力做好。

实际上，人一生中会遇到许多问题和困难，在遇到问题和困难时我们应把自己当成强者，把困难当作机遇，勇敢地去面对。

把困难当作机遇，把命运的磨难当作人生的考验，忍受今天的苦楚，寄希望于明天的甘甜。这样的人，即便是上帝对他也无可奈何。

见过瀑布的人都知道，美丽的瀑布迈着勇敢的步伐，在悬崖峭壁前毫不退缩，因与山崖的碰撞造就了自己生命的壮观。苦难，在不屈的人们面前会化成一种礼物，这份珍贵的礼物会成为真正滋润你生命的甘泉，让你在人生的任何时刻都不会被轻易击倒！

超越自然的奇迹，总是在对厄运的征服中出现的

——李宁

智慧悟语

对于消极失败者来说，他们的口头禅永远是"不可能"，这已经成为他们的失败哲学，他们遵循着"不可能"哲学，一直走向失败。

那些成功的人们，如果当初都在一个个"不可能"的面前因恐惧失败而退却，放弃尝试的机会，则不可能有所谓的成功的降临，他们也将平庸。没有勇敢地尝试，就无从得知事物的深刻内

感悟人生 ❀ 一句话点亮人生

涵，而勇敢做出决断，即使失败了，也由于亲身经历痛苦而获得宝贵的体验，从而在命运的挣扎中越发坚强、越发有力，越接近成功。

只要敢于蔑视困难，把问题踩在脚下，最终你会发现：所有的"不可能"，最终都有可能变为"可能"！

点亮人生

从前有位国王，想挑选一名官员担当一个重要的职务。他把那些智勇双全的官员全都召来，想试试他们之中究竟谁能胜任。官员们被国王领到一座大门前。面对这座国内最大的、来人中谁也没有见过的大门，国王说："爱卿们，你们都是既聪明又有力气的人。现在你们已经看到，这是我国最大最重的大门，可是一直没有打开过。你们中谁能打开这座大门，帮我解决这个久久没能解决的难题？"

不少官员远远地望了一下大门，就连连摇头。有几位走近大门看了看，退了回去，没敢去试着开门。另一些官员也都纷纷表示，没有办法开门。这时，有一名官员走到大门下，先仔细观察了一番，又用手四处探摸，用各种方法试探开门。几经试探之后，他抓起一根沉重的铁链子，没怎么用力拉，大门竟然开了！原来，这座看似非常坚固的大门，并没有真正关上，任何一个人只要仔细察看一下，并有胆量去试一试，比如拉一下看似沉重的铁链，甚至不必用多大力气推一下大门，都可以打得开。如果连摸也不摸、看也不看，自然会对这座貌似坚牢无比的庞然大物感到束手无策了。

国王对打开大门的大臣说："朝廷那重要的职务，就请你担任吧！因为你不光是局限于你所见到的和听到的，在别人感到无能为力时，你却会想到仔细观察，并有勇气冒险试一试。"他又对众官员说："其实，面对任何貌似难以解决的问题，都需要我们开动脑筋、仔细观察，并有胆量冒一下险，大胆地试一试。"

那些没有勇气试一试的官员们，一个个都低下了头。

"不可能"只是失败者心中的禁锢，具有积极态度的人，从不将"不可能"当回事。在生活中，我们时常碰到这样的情况：当你准备尽力做成某项看起来很困难的事情时，就会有人走过来告诉你，你不可能完成。其实，"不可能完成"只是别人下的结论，能否完成还要看你自己是否去尝试，是否尽力了。是否去尝试，需要你克服恐惧失败的心理；是否尽力，需要你克服一切障碍，获得力量。以"必须完成"或者"一定能做到"的心态去拼搏奋斗，你一定会做出令人羡慕的成绩。

在积极者的眼中，永远没有"不可能"这样的说法，取而代之的是"不，可能"。积极者用他们的意志、他们的行动，证明了"不，可能"的"可能性"。

只要有足够的意志力、足够的头脑和足够的信心，几乎任何事情都可以做到。不是不可能，只是暂时没有找到方法。不要给自己太多的框框，不要总是自我设限，应该将注意的焦点集中在找方法上，而不是在找借口上。正如哈瑞·法斯狄克所说："这个世界现在进步得太快了，如果有人说某件事不可能做到，他的话通常很快就会被推翻，因为很可能另一个人已经做到了。在信心和勇气之下，只要我们认为可以做到，就可以以科学的方法推翻'不可能'的神话，我们就可能做成任何我们想做的事情。"

逆境是通往真理的第一条道路

——拜伦

智慧悟语

世事常变化，人生多艰辛。在漫长的人生之旅中，尽管人们期盼能一帆风顺，但在现实生活中，却往往不期然地遭遇逆境。

逆境是理想的幻灭、事业的挫败；逆境是人生的暗夜、征程的低谷。就像寒潮往往伴随着大风一样，逆境往往是通过名誉与地位的下降、金钱与物资的损失、身体与家庭的变故而表现出来的。逆境是人们的理想与现实的严重背离，是人们的过去与现在的巨大反差。

每个人都会遇到逆境，以为逆境是人生不可承受的打击，必不能挺过这一关，可能会因此而颓废下去；而以为逆境只不过是人生的一个小坎儿的人，就会想尽一切办法去找到一条可迈过去的路。这种人，多迈过几个小坎儿的，就会不怕大坎儿，就能成大事。

点亮人生

德国有一位名叫班纳德的人，在风风雨雨的50年间，他遭受了200多次磨难的洗礼，从而成为世界上最倒霉的人，但这些也使他成为世界上最坚强的人。

他出生后14个月，摔伤了后背；之后又从楼梯上掉下来摔残了一只脚；再后来爬树时又摔伤了四肢；一次骑车时，忽然一阵大风不知从何处刮来，把他吹了个人仰车翻，膝盖又受了重伤；13岁时掉进了下水道，差点窒息；一次，一辆汽车失控，把他的头撞了一个大洞，血如泉涌；又有一辆垃圾车，倒垃圾时将他埋在了下面；还有一次他在理发屋中坐着，突然一辆飞驰的汽车驶了进来……

他一生倒霉无数，在最为晦气的一年中，竟遇到了17次意外。

令人惊奇的是，老人的身体一直很健康，而且心中充满着自信，因为他已历经了200多次磨难的洗礼，他还怕什么呢？

这位老人没有被逆境和磨难打倒，依然享受着他自己的美丽人生。确实，"自古雄才多磨难，从来纨绔少伟男"，人们最出色的工作往往是在挫折逆境中完成的。我们要有一个辩证的挫折

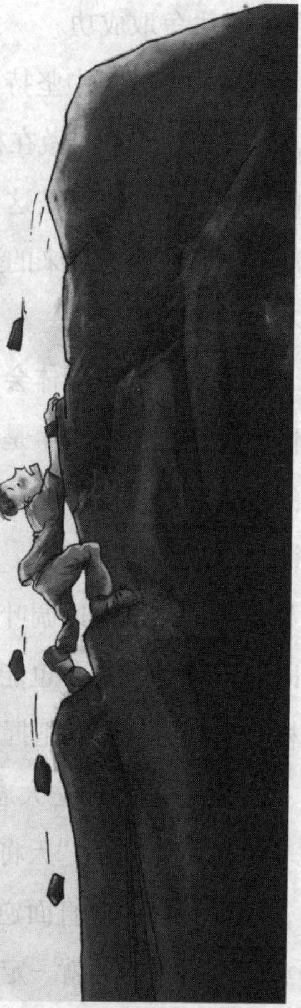

观，经常保持自信和乐观的态度。挫折和教训使我们变得聪明和成熟，正是失败本身才最终造就了成功。我们要悦纳自己和他人他事，要能容忍挫折，学会自我宽慰，心怀坦荡、情绪乐观、满怀信心地去争取成功。

如果能在挫折中坚持下去，挫折实在是人生不可多得的一笔财富。有人说，不要做在树林中安睡的鸟，要做在雷鸣般的瀑布边也能安睡的鸟，就是这个道理。逆境并不可怕，只要我们学会去适应，那么挫折带来的逆境，反而会磨炼我们的进取精神和百折不挠的毅力。

挫折让我们更能体会到成功的喜悦，没有挫折我们便不懂得珍惜，没有挫折的人生是不完美的。面对逆境，不同的人有着不同的观点和态度。对悲观者而言，逆境是生存的炼狱，是前途的深渊；对乐观者人而言，逆境是人生的良师，是前进的阶梯。逆境如霜雪，它既可以凋叶摧草，也可使菊香梅艳；逆境似激流，它既可以溺人殒命，也能够济舟远航。逆境具有双重性，就看你怎样正确地去认识和把握。

古往今来，凡立大志、成大业者，往往都饱经磨难，备尝艰辛。逆境成就了"天将降大任者"。如果我们不想在逆境中沉沦，那么我们便应直面逆境，奋起抗争，只要我们能以坚忍不拔的意志奋力拼搏，就一定能冲出逆境。

第三篇

你幸福了吗

PART1 幸福有标准吗

生活中最大的幸福是坚信有人爱我们

——雨果

智慧悟语

爱心是在别人遭遇困难时伸出的一只手，爱心是你投入募捐箱里的一枚钱币，爱心是对失败者一个鼓励的眼神，爱心是对自卑者一个明媚的微笑……

当一个人得到他人的爱心，那么这个人是幸福的，因为在自己最孤立无援的时候，能得到别人无私的帮助；当一个人奉献自己的爱心，那么这个人也是幸福的，因为他虽然可能会失去一些东西，却得到了心灵的愉悦和灵魂的升华。正如巴尔德斯所说："把别人的幸福当作自己的幸福，把鲜花奉献给别人，你的心中也会春暖花开。"

爱心是没有贵贱之分的，只要你想真心地帮助一个人，无论你献出的是一沓崭新的纸币，还是一个简单的微笑，是鼎力相助，还是几句安慰的话语，你都会受到同样由衷的感激，因为在爱的天平上，它们是等量的。

在现实生活中，有时也会有不尽如人意之事。公交车上，一位青年把座位让给年过七旬的老大爷，当我们为之感动时，部分人却对此嗤之以鼻，把这说成"虚伪"；大马路上，一位老人被撞倒在地，好心人把老人送往医院却被说成是"肇事者"……我们不禁发问，究竟该如何让爱心远离凄风苦雨，像花苞一样绽放出最迷人、最灿烂的花朵呢？

哲人说："没有比足音更遥远的路途，没有比行动更美好的语言。"放开顾忌，揭去隔阂，带上一份坦诚与爱心，在漫漫的人生旅途中，让我们学着陶渊明，执杖撒子，播下无数爱的种子，也是幸福的种子。每当走得累了、乏了，回头看看，你会发现身后的路是一片花团锦簇，美不胜收，这就是你收获的幸福。

点亮人生

上天给予每个人的爱是一样多的，只是有些爱在不经意间从指缝中溜走；有些爱我们曾拥有过，现在却已远离；有些爱我们正在拥有着，却未曾感受到，直到失去的那一刻才发现这份爱是如此珍贵。为什么拥有时却没有发觉过，没有珍惜过，没有付出过，没有感动过……

在马斯顿一个偏远的小镇，有一个小名叫贡捷的女孩。她从小悲天悯人，富有正义感和同情心，她7岁皈依天主教，18岁进入修道院，她在以后70多年的人生中都在与那些在饥饿和死亡线上挣扎的人们同甘共苦。哪里有战争，哪里发生自然灾害，哪里有瘟疫流行，哪里就有她的身影。她先后在115个国家建立了543个收容所、孤儿院和艾滋病疗养中心。她"给贫穷者中之最贫穷者，卑贱者中之最卑贱者点燃了爱的明灯"，她被称为"贫困者之母"。她就是受世人景仰的诺贝尔和平奖获得者——特蕾

感悟人生　一句话点亮人生

莎修女。特蕾莎修女一生都在为救助世界上最无助的人而操劳、忙碌，她把自己的一切都献给了慈善事业。

上天的恩赐不是让你在失去时才懂得珍惜，而是要你在没有失去时学会发现身边的爱，拥有现在的爱，学会保护，学会关心，学会回报，这样的你才会幸福快乐。

幸福不是一个目标，而应该是一个过程，是与人生同步的一个过程。拥有爱就会拥有幸福。爱的过程就是一种幸福的过程。人大多时候都在关注自己所没有的而忽略了自己所拥有的，所以心灵总是处于饥渴状态，有无穷无尽的欲望需要——填补，活得很累，自然也就幸福不起来，而拥有一颗感恩而充满爱的心则会拥有更多的幸福。

一个年轻的女子因和男友拌了几句嘴，俩人便赌气说要分手。偏偏这时她在工作中又遇到了一些挫折，老板每天用不信任的目光看着她，她感觉人生一下子跌到了低谷。极度郁闷中，她甚至想到了自杀。

一天晚上，女子坐在灯下写遗嘱，反反复复写了几遍都觉得不合适。这时她的父亲端着一杯浓茶进来了，轻轻地将茶放在女儿的桌前。看到了满地的纸团，父亲心疼地摸摸她的头："又在写文章吗？不要太累着自己了。"女儿抬起头来，正迎上了父亲慈爱的目光。她端起茶来，轻轻地啜了一口，这一刻，她深深地感到久违的幸福又回到了身边，它就在这一杯浓茶里，就在父亲的眼神里。自杀的念头顿时消散得无影无踪了。

岁岁年年花相似，年年岁岁人不同。有些爱即使重来，有些人却已不在，生命因爱而美丽，也会因失去爱而凋零。重来与不重来并不重要，重要的是在失去中我们学会了去珍惜身边的爱，懂得在乎你拥有的东西。心疼你的父母，天冷时打个电话，带去问候；过节时，回家陪陪父母，这是他们最大的欣慰。爱你的朋友，生日时发条短信，送上你的祝福；朋友有难时，出手相助，即便是平平淡淡的几句话也是一种安慰。记住那些关爱你的眼神，记住那些爱你的亲人。不要因一次的失去而看淡整个世界，丧失生存的勇气，放弃你拥有的美好和幸福。失去的不会再回来，懂得把握现在的，拥有就是幸福。不要等到重来的时候，才知道拥有爱比失去爱更幸福。

对于大多数人来说，他们认定自己有多幸福，就有多幸福

——林肯

智慧悟语

幸福属于情感世界，是一种感觉，即一种满足感。幸福是无处不在的，每个人都有属于自己的幸福，要自己去发现、去把握。只是有时人要求太多，因此而没有见到那些本身就拥有的幸福。善于抓住幸福的人才懂得什么是幸福。世上最珍贵的，不是得不

到，也不是已失去，而是把握住眼前的幸福。

　　人活着是为了生活得更快乐、更幸福，而幸福生活要自己去努力争取。这种追求和努力让单调乏味的工作充满生趣，可以让你身心健康，生活得和平而安逸。

　　其实生活即是奋斗和收获，人生短暂，但应有合适的目标，无论做什么总要有所作为，生活应丰富多彩，人们应不断求索，不断追求奋斗，尽管前进的道路上有汗水可能还有泪水，也要不断奋斗、永不言弃。

　　许多人在经过岁月流年后才明白，幸福很简单。其实，只要心灵有所满足有所慰藉即是幸福。

点亮人生

　　一个人的幸福并不代表他是否拥有什么，而在于他怎样看待所拥有的。生活并不缺少快乐，缺少的是你发现快乐的眼睛。

　　也许你并不富有，但你有健康的身体；也许你没有令人羡慕的地位，但你有个幸福美满的家庭；也许你不出名，但你有宁静而不受干扰的生活。一些人刻意地追求所谓的快乐，付出了巨大代价后却仍然感觉一无所有，因为他违背了幸福的含义。

幸福只是一种个人的感觉罢了。生活本来就有太多的诱惑，太多的追求和渴望会让原来简单纯粹的人生变得迷茫与困惑起来。什么是幸福？每个人的答案和标准都不同，不过有一点是肯定的——活着就是幸福，可以看到早上升起的太阳是一种幸福，可以听到家人在餐桌上唠叨个没完那也是一种幸福，可以和好朋友插科打诨也是种幸福……幸福很多很多，而在于你有没有认真体会它。

幸福，好比时光老人给每个人每天24小时一样均等，只是，因每个人的态度不同而使幸福变得不公平，悲观的人认为，幸福是那遥不可及的地平线，可望而不可即；乐观的人认为，幸福就在身边……

一个幸福的人不是由于他拥有的多，而是他懂得发现和寻找，且具有博大的胸襟、雍容大雅的风度。很多时候，幸福就像野草一样蔓延疯长，像空气一样弥散于四周，只要你留意，得到它其实很简单。人所处的环境不同，但凡福祸相依，苦乐参半，只要从容处世，看淡得失，积极努力地发掘生活中美好的一面，幸福的感觉就会接踵而来。幸福其实就在我们身边、就在我们眼前、就在时空的分秒间……

只要你有一件合理的事去做，你的生活就会显得特别美好

——爱因斯坦

智慧悟语

幸福——无数人为之疯狂，为之迷惘。但真正能得到幸福的往往是那些将生活融入忙碌中的人，这些人很少让自己停下来，总能让自己有事做。其实幸福的真谛就是这样，想让自己幸福的人就必须克服空虚，而要克服空虚就必须有事做。

有事做的人之所以能感到幸福，是因为他们时时刻刻都被他们所做的事情充实着，他们的心远离空虚，拥有一种满足感。李白是幸福的，他幸福是因为他没有因不能做官而萎靡不振，而是乐此不疲地从事他的诗文创作；苏轼是幸福的，他幸福是因为他没有在坎坷的仕途中颓废，而是一直过着让自己充实的生活；牛顿也是幸福的，他幸福是因为他总是站在巨人的肩膀上寻求真理，孜孜不倦地做着事情。幸福就得有事做，忙碌之中自会有幸福来报到。

点亮人生

当你在做完一件事时，那种从心底油然而生的幸福感就会如浩浩荡荡、连绵不断的海水涌上心头。幸福就是望着自己制作的小船在水中荡漾，随波漂荡；幸福就是看着自己栽下的小树一天天伸

枝展叶；幸福就是看着自己生产的商品被一件件推销出去。用这些实际行动换取的幸福比起某些人为了得到幸福而缘木求鱼，整天空想着如何得到幸福要划算得多。爱迪生的幸福就是研制出了两千多项发明，莱特兄弟的幸福就是制造出了世界上的第一架飞机，罗斯福的幸福就是领导美国走出了经济危机，贝多芬的幸福就是创作了无数广为流传的名曲……幸福离我们并不遥远，只要我们认认真真地去做好自己手中的事，在做事的过程中慢慢地去体会。

幸福就在生活中，有事做的人更懂生活，他们拥有更多的生活经验，更能够品味生活的乐趣，获得的幸福也就会更多。生理上的病痛和心灵上的打击并不能击垮我们读懂生活，体验幸福的脚步。谁都没有也无法夺走你享受幸福的权利，只要你不以毫无幸福感为托词，一蹶不振，而是充满信心去做一件事，那么，你的生活就会充满幸福。

抛开懒惰，在行动中寻找幸福。

醉心于某种癖好的人是幸福的

——萧伯纳

智慧悟语

每个职场中人，都有自己的工作，每天上班下班，按工作范围和程序行事。有的人参加工作几十年，大小有个头衔，上有领导，下有部属，工作兢兢业业，处世谦虚谨慎，等完成一天的工作，已是身心疲惫。时间长了，他们免不了对职业产生怠惰，对别人缺乏热情。使自己的生活单调枯燥，人生缺乏色彩，生存的质量大打折扣。而业余爱好正是丰富人生的添加剂，是愉悦身心的有效药。

　　人们的业余爱好，按各人的秉性脾气、文化程度、经济社会条件不同而各式各样。比如，爱运动的人，有条件的就可以经常去游游泳、打打羽毛球；一般老百姓起码也可以早晨跑跑步，晚饭后散散步，有钱的老板可以进高档会所去愉悦身心、强身健体。一些爱好文学的人可写写诗，填填词。爱好戏剧的可参加票友会。有的人"吹拉弹唱，琴棋书画"样样爱好，是

为上乘。这些业余爱好，既可使一个人的人生丰富多彩、有滋有味，也可使一个人的身心健康乐观、生活充实。

其实，人都是需要有一点爱好的。能够将爱好与事业结合起来自然是一件愉快的事情，但对于大多数人来说，工作和爱好是很难统一的。倘若你的日常工作不能发挥你的创造力，甚至压抑了你的天性、埋没了你的"本事"，那么你该另找一种业余爱好，才不至于浪费自己的才华；倘若你的职业使你精力疲倦，又觉得单调乏味，你也该另找一种业余爱好，借以舒畅身心，调节情绪。

点亮人生

有爱好的人是值得交往的，这样的人起码是一个快乐的人，一个充实的人，交往起来会很有"味道"。我们可以有自己的业余爱好，可以爱好写作、爱好摄影、爱好书法、爱好赛车、爱好垂钓、爱好旅游、爱好收藏古玩。一个鲜活的爱好是有滋有味、有情有趣的。

一个人爱好什么，是很随心的，爱好往往是发自内心的一种冲动。人各有志，爱好不同。不良嗜好会影响工作和生活，甚至会贻害自己，所以选择适当的爱好可以遵循这样三条原则：一是自己确实感觉到有趣的，而不是随波逐流；二是对自己身心健康有利，而不能玩物丧志；三是可持续发展的，不能只有三分钟热度，因为越是到年老越需要有爱好。如果人活一辈子没一点爱好，那是很可悲的。

　　但爱好与工作不同，二者不能混淆。工作一定要尽心尽力去做好，而爱好就是爱好，想做就做，不想做就不做。没有任何压力，也缺少功利色彩。爱好写作不一定要成为作家，热爱书法不一定去当书法家。喜欢唱歌高兴了就唱几句，不管它是不是跑调，因为并非要去做歌唱家。

　　一个人可以有一种或者多种爱好，但个人的爱好绝对不能影响工作、影响家庭，更不能妨碍别人。非得把爱好当成是"崇高"的追求不可，非要闹出点动静搞出点名堂来不可，患得患失，自寻烦恼，那就失去了爱好的本意，失去快乐的享受了。

跌了跤，埋怨门槛高

——谚语

智慧悟语

在日常工作和生活中，我们随处可以找到喜欢抱怨的人。抱怨自己的专业不好，抱怨住处很差，抱怨没有一个好爸爸，抱怨工作环境差、工资少，抱怨空怀一身绝技却无人赏识。其实，现实中总有太多的不如意，但就算生活给你的是垃圾，你也同样可以把垃圾踩在脚底下，让它助你登上世界之巅。

或许你正住在一间条件并不好的小屋中，而你却渴望拥有宽大而干净的房屋，但现实是，你并没有条件拥有这样的房子。怎么办？发发怨气，就会有人送给你吗？那只是白日做梦。眼下你要做的是凭借你自己的能力把小屋布置得更实用、更雅致、更舒适。

让屋子里整洁，尽自己所能，将它布置得温馨而又朴素大方；精心做好一些简单的食物，把普通的饭桌收拾得整齐利落；如果你买不起地毯，那就让微笑和热情当作地毯铺满你的小屋——这样的房间，即使经受风吹雨打也不会摇摆坍塌。

其实，没有一种生活是完美的，也没有一种生活会让一个人完全满意，我们做不到从不抱怨，但我们至少应该让自己少一些抱怨，并且多一些积极的心态，不断地去努力进取。

点亮人生

请停止无休止地抱怨吧！把抱怨的时间用于付出的努力上，你才能进入崭新的、更友善的环境中。毕竟抱怨于事无补，反而会给你带来伤害。下面我们就来细数一下抱怨的坏处，从而给你不抱怨的理由。

分内的事情你可以逃过不做吗？既然不管心情如何，工作迟早要做，那何苦叫别人心生不快呢！有发牢骚的工夫，还不如动动脑筋想想办法：事情为什么会这样？我所面对的可恶现实与我所预期的愉快工作有多大的差距？怎样才能如愿以偿？

没有人喜欢和一个满腹牢骚的人相处。再说，太多的牢骚只能证明你缺乏能力，无法解决问题，才会将一切不顺利归于种种客观因素。若是你的上司见你整日哼哼唧唧，他恐怕会认为你做事太被动，不足以托付重任。

同事只是你的工作伙伴，而不是你的兄弟姐妹，就算你句句有理，谁愿意洗耳恭听你的指责？每个人都有貌似坚强实则脆弱的自尊心，没有人必须对你的冷言冷语一再宽容。很多人会介意你的态度："你以为你是谁？"何况也会有很多人不会把你的好放在心上，一件事造成的摩擦就可能使对方认为你一无是处。

理由已经很充分，现在缺少的就是行动。让我们远离抱怨，重新发现生命的可爱，重新拥抱生活的阳光，好运气也会随之而来。

生活就是一面镜子，你笑，它也笑；你哭，它也哭
——萨克雷

智慧悟语

为什么抱怨的人会说活得这么累，因为他只看到了自己的付出，而没有看到自己的所得，而不抱怨的人即使真的很累，也不

会埋怨生活，因为他知道，失与得总是同在的，一想到自己获得了那么多，真是高兴啊！

人生中有哪一种生活是完美的？有哪一种生活能尽如我意？没有。对此我们能毫无抱怨吗？似乎也不能。但我们起码可以让自己少一些抱怨，而多一些积极的心态，因为如果抱怨成了一个人的习惯，就像搬起石头砸自己的脚，于人无益，于己不利，生活就成了牢笼一般，处处不顺，处处艰难，反之，则会明白，自由地生活着，其实本身就是最大的幸福，哪会有那么多的抱怨呢？

我相信一句话：如果你想抱怨，生活中一切都会成为你抱怨的对象；如果你不抱怨，生活中的一切都不会让你抱怨。

有些时候那些不顺心的日子，我们也总感觉活得真烦。在寻找了千百种理由之后，当我们回首曾经走过的那些岁月，也许会发现，其实生活赐予自己的，并没有与别人有什么本质的不同，不同的仅仅是我们的胸襟中是不是具有一份"平淡与坦然"。所以，忧伤痛苦的时候，与其躲在角落里抱怨，不如把痛苦和磨难当作提高自我的"垫脚石"，当作进步阶梯的"扶手"，当作是生活对自己的一份馈赠。假如生活给我们的只是一次又一次的失意，一次又一次的磨难，其实，这也没什么，因为那只是命运剥夺了我们活得高贵的权利，但并没有夺走我们活得快乐和自由的权利。

点亮人生

在做一件事情的时候，你是否问过自己："我做过的事情，是否让我自己满意？"如果目前你能做的事情、你所处的位置连你自己都不满意，那说明你还没有做到卓越。

如果一个人满足于现状，满足于给别人打江山，那么，他就永远只能是一个打工仔。要想改变自己受人"折磨"的现状，必须改变你自己。

李嘉诚年轻的时候在一家塑胶公司工作，他业绩优秀，步步高升，前途光明。如果是一般人，对此也许心满意足了，然而，此时的李嘉诚虽然年纪很轻，但通过自己不懈的努力，在他所经历的各行各业中都有一种如鱼得水之感，他的信心一点一点地开始膨胀起来。他觉得这个世界在他面前已小了许多，他渴望到更广阔的世界里去闯荡一番，渴望能够拥有自己的事业，闯出自己的天下。

他的老板自然舍不得放他离去，再三挽留，但李嘉诚去意已决。老板见挽留不住李嘉诚，并未指责他"不记栽培器重之恩"，

感悟人生 ❀ 一句话点亮人生

反而约李嘉诚到酒楼，设宴为他饯行，令李嘉诚十分感动。

席间，李嘉诚不好意思再加隐瞒，老老实实地向老板坦白了自己的计划：

"我离开你的塑胶公司，是打算自己也办一家塑胶厂，我难免会使用在你手下学到的技术，也大概会开发一些同样的产品。现在塑胶厂遍地开花，我不这样做，别人也会这样做。不过我绝不会把客户带走，不会向你的客户销售我的产品，我会另外开辟销售线路。"

李嘉诚怀着愧疚之情离开塑胶公司——他不得不走这一步，要赚大钱，只有靠自己创业。这是他人生中一次重大转折，他从此迈上了充满艰辛与希望的创业之路。

正是要求改变现状的欲望改变了李嘉诚的一生。你是否有改变自己的强烈欲望？你是否有做富人的雄心壮志？

人都有一种思想和生活的习惯，就是害怕自己的环境改变和思想变化，大多数人喜欢做大家经常做的事情，而不喜欢做需要自己变化的事情。很多时候，我们没有抓住机会，并不是因为我们没有能力，也不是因为我们不愿意抓住机会，而是因为我们惧怕改变。人一旦形成了思维定式，就会习惯地顺着定式的思维思考问题，不愿也不会转变方向、换个角度想问题，这是很多人的一种愚顽的"难治之症"。

能够勇敢地面对变化，其实是超越了自己，这样的人自然很容易获得成功。比尔·盖茨就是一个例子。比尔·盖茨还是一名学生的时候，在学校过着非常舒适的大学生活，如果走出校园去创业，将是一个很大的变化，但是比尔·盖茨毅然决定改变现状，他凭借自己的才华和毅力终于成为世界上首屈一指的富翁。

在生活的旅途中，我们总是经年累月地按照一种既定的模式运行，从未尝试走别的路，这就容易衍生出消极厌世、疲沓乏味之感，从而心生抱怨，所以，不换思路、不思改变，生活就会单调乏味。很多人走不出思维定式，所以他们走不出贫穷；而一旦走出了思维定式，也许可以看到许多别样的人生风景，甚至可以创造新的奇迹。因此，从舞剑可以悟到书法之道，从飞鸟可以造出飞机，从蝙蝠可以联想到电波，从苹果落地可悟出万有引力……常爬山的应该去涉水，常跳高的应该去打打球，常划船的应该去驾驾车。换个位置、换个角度、换个思路，寻求改变，也许你的命运就会在一瞬间得到改变。

不抱怨的好习惯，不仅净化自己的心灵，也温润人与人之间的关系

——邱德才

智慧悟语

在生活中，我们事事要求公平，要求按照自己的意愿发展。如果稍出差错就觉得老天对自己不公平，抱怨或牢骚就产生了。

抱怨是一种心理不平衡的反应，是一种追求完美的心理和情绪化心态的外在表现。

你周围有没有这样的朋友？他每天都会有许多不开心的事，总在不停地抱怨。你喜欢和这样的人打交道吗？生活中，每个人都会遇到烦恼，明智的人会一笑了之，因为有些事是不可避免的，有些事是无力改变的，有些事情是无法预测的。能补救的应该尽力补救，无法改变的就该坦然面对，调整好自己的心态做该做的事情。

无法挽回的东西就忘掉它；有机会补救的，要抓住最后的机会。后悔、埋怨、消沉不但于事无补，反而会阻碍前进的脚步。

只要你看开生活中的不公平，它就再也伤害不了你，反而会成为一种激励你上进的力量。300多年前，弥尔顿在失明后，也发现了同样的真理："思想的运用和思想的本身，就能把地狱造成天堂，把天堂造成地狱。"

拿破仑和海伦·凯勒就是弥尔顿这句话的最好例证：拿破仑拥有一般人所追求的一切——荣耀、权力、财富——可是他却对妻子说："我这一生从来没有过一天快乐的日子。"而海伦·凯勒——失明、失聪、丧失语言能力——却表示："我发现生命是这样的美好。"

点亮人生

别人给我的痛苦、烦恼，我不喜欢，因此我也不愿强加给

任何一个人痛苦、烦恼。你说一个人能够做到这样的修养，多了不起！

生活中，每一个人都将面对很多的不如意，有很多人在做着简单的工作，有些人怀才不遇，苦于自己的才华得不到赏识。但如果你总是抱怨，我的职业不好、我的职位不好、我的环境不好……你就会为没有取得好成绩找出成千上万个理由。这就会对你造成心理暗示，使你敷衍生活、敷衍工作，以为凡事只做到差不多、说得过去、不让别人挑出毛病来就行了。殊不知，这种"差不多"导致的最后结果却是"差很多"，生活的烦恼痛苦反而越来越多。

要知道，对生活不抱怨，用积极的态度面对，自然也会成为快乐的人。只因为生活中一扇门如果关上了，必定有另一扇门打开。失去了这种东西，必然会在其他地方有所收获。关键是你要有乐观的心态，相信有失必有得，以更明智的态度面对今后的生活。

生活中处处都有不公平，如果人们一味地自爱自怜：上天为什么对我这么不公平？只会让自己在痛苦的深渊中越陷越深。相反，如果你坚强一点，学会利用你的不公平，它就可能转变为你的财富。

第四篇
健康，上帝赐予人类最珍贵的礼物

节制和劳动是人类的两个真正医生

养生之道，常欲小劳

——孙思邈

智慧悟语

劳动对健康长寿很有好处。据调查，世界上没有一个长寿的人是懒汉，也没有一个高龄老寿星是厌恶劳动的。高龄老人，大多数是从事体力劳动的人，他们都有热爱劳动的良好习惯。科学研究证明，劳动是健康长寿的一个必要条件。

我国唐代著名医学家孙思邈，活到一百零一岁，他在总结健身长寿的经验时说："养生之道，常欲小劳。"意思是说，要健康长寿，必须经常参加一些力所能及的体力劳动。

据报道，有 52 个 90 岁以上的老年人，平均寿命为 102 岁，最大年龄为 111 岁，其中经常从事体力劳动的有 48 人，从事脑力劳动的有 4 人。这 4 个从事脑力劳动的人，也经常在空余时间，参加一些适当的体力劳动。

经常参加体力劳动，为什么能帮助人健康长寿呢？人们都有体会，参加劳动以后，饭量增加，消化良好，觉睡得自然香甜。这些都说明，体力劳动能使人体各种功能得到增强，尤其是能增强抵抗疾病的能力。劳动可以加强心脏、肝脏、肾脏、肠胃等内脏的功能，还可以调节神经系统的功能，使神经系统的各种反射更加敏锐。可见经常参加一些轻微的体力劳动，能增强体力，使新陈代谢旺盛，对健康长寿很有帮助。

点亮人生

很早人们就注意到，从事体力劳动的人，动脉硬化的发病年限比较迟，老年以后，动脉硬化的程度也比较轻。实践证明，动脉硬化的人，城市比农村发病率高，脑力劳动者比体力劳动者发病率高。适当参加体力劳动有助于防止动脉硬化。

有的老年医学工作者认为，老年人参加劳动最好选择他们喜爱的项目，比如养花、种菜等。那么他参加这种劳动的时候，就会感到精神愉快，也不容易疲劳，对身心健康更为有利。

孙思邈是我国唐代著名医药学家，对于养生保健，他常以"流水不腐，户枢不蠹"来比喻，提出"养生之道，常欲小劳"。"小劳"就是适度劳动。孙思邈年轻时常常荷锄挎篓，长途跋涉，步入深山老林采药。直到晚年，他仍然坚持参加力所能及的劳动。他在居住地附近开辟了一个药圃，栽培各种药用植物。尽管他"幼遭风冷，屡造医门，汤药之资，罄尽家产"，体质孱弱，但最终仍享101岁的高寿，且建树颇丰。

古今中外的寿星，大多是勤于"小劳"的实践者。有人对新疆地区部分长寿者进行调查，发现73%的寿星都是长期从事农业劳动的农民。广西巴马地区的90岁以上的老人，几乎是体力劳动者。日本对一些百岁以上老人的调查也发现，有半数在75岁时，1/3的老人在80~84岁时仍没有中断体力劳动。至于脑力劳动者中的寿星，也几乎无不热爱劳动或喜好运动。这方面的例子不胜枚举。

宋代大文豪苏东坡说："农夫小民，终岁勤苦而未尝告病，此何其故也？夫风霜雨露寒暑之变，此疾之所由生也。农夫小民，盛夏力作，而穷冬暴露，其筋骸之所冲犯，肌肤之所浸渍，经霜露而狎风雨，是故寒暑不能为之毒。今王公大人处于重屋之下，出则乘舆，风则袭裘，雨则御盖，凡所虑患之具莫不备至。畏之太甚而养之太过，小不如意，则寒暑入之矣。是故养生者，使之能逸而能劳，然后可以刚健强力，涉险而不伤。"

随着社会的发展，现代人的体力劳动日趋减少，劳动强度亦大大降低。过于安逸少动，致使机体各系统、器官的功能降低，免疫力下降，导致种种疾病的发生。人们把一些体态肥胖，四肢疲软，易患糖尿病、冠心病等疾病者，称为"现代闲逸病"患者。不少专家认为，消除"现代闲逸病"的方法就是"勤"，不可忽视劳动的健身作用，要勤于参加各种生产劳动或体育锻炼，以达到养生、健体的目的。

劳动为什么有助于健康长寿呢？首先，劳动能运动形体、流畅气血、锻炼筋骨，起到调节精神的作用。经常劳动，可以促进饮食的消化，增加冠状动脉的血流量，改善心肌的营养和新陈代谢，增强神经、肌肉的弹性和张力。其次，体力劳动是防止早衰的重要手段之一。步入中年之后，随着年龄的增长，人体的组织器官都会出现老化。经常劳动的人，因"用进废退"，可增加肌肉的新陈代谢，减慢生理性萎缩，从而有效地防止或延迟关节僵直、骨质疏松等衰老现象的发生，为健康长寿打下良好基础。

运动敲开永生的大门

——泰戈尔

智慧悟语

大自然中精美奇妙的工作，必须不停地循序活动着，才能使其计划得以完成。

关于运动的重要性，我们听人讲的不少，书上写的也很多，只是仍有许多人不加注意。有的人因为身体内部各器官都壅塞了，反就显得肥胖了；还有些人变得羸弱瘦弱，这是因为体内的精力都为消化过量的饮食而耗尽了。血液的不清，使肝脏负担过分的

滤清之责，疾病于是就发生了。

　　凡是终日坐着的人，无论冬夏，只要天晴，每日应该做些户外的运动。走路比坐车好，因为能牵动更多的肌肉，而且可使肺部活动。急步行走的时候，肺就不能不加快工作。这种运动对于身体大多都要比吃药好些。

　　医生常劝病人出国，到什么温泉或名胜的地方去改换水土，但大数的人，只要能饮食节制，进行散心快乐的运动，往往就能够使病情有所好转，如此，既省时间，又省金钱。

　　牧师、教员、学生和其他用脑力的人，常常因为用脑过甚，且无花费体力的运动来调节，以致生病。这些人所缺少的就是一种更活动的生活。绝对节制的习惯，加以适当的运动，就足以保持身体和脑力双方的强健，且能加增用脑之人的耐久力。

点亮人生

　　不活动是酿成疾病的一个原因。运动能加增并调和血液的循环，但在安闲的时候，血液便不能流畅，以致身体所一刻不能少

的血液的更换受到阻碍，皮肤也因之麻木了。血液因运动而流畅，皮肤常处在健康的情形中，肺内充满了新鲜的空气，体内不洁之物，就可以尽量地排泄了。但不活动呢？体内一切污物都堆积起来了，排泄器官就负了双重的担子，疾病也因之而生了。当身体不活动时，血液循环便趋于迟滞，筋肉的体积与力量也就减退了。

身体运动，舒畅地享用空气和日光——上天厚赐与人的恩物，便能将生命力与体力赋予许多瘦弱可怜的病人。不可怂恿虚弱久病的人终日无所活动。虚弱久病的人，如果没有什么可以供他们消遣和注意，他们的思想就要集中在自己身上，脾气就变得急躁易怒；而且他们往往就整天地专想不快乐的事，保存着恶劣的心绪，把自己的环境和前途看得比现实的景况更坏，以致一点事也不能做了。因为缺少运动而损害了身体，丢了性命的人比死于操劳过度的人还多，锈坏了的比磨坏了的更多。凡可在户外做适当运动的人，大体血液循环系统功能都是良好的，而且生命力、精力都是非常旺盛的。

早起运动，在户外悠游自在地漫步于清新的空气中，栽培花卉、果木和蔬菜，对于人体血液循环而言是必需的。这也是安全的保障，有助于预防伤风、咳嗽、脑出血，或肺溢血、肝炎、肾炎、肺炎以及其他各种病症。

PART2 生命不能承受过劳之重

只知工作不知休息的人，犹如没有刹车的汽车，其险无比

——福特

智慧悟语

随着现代生活节奏的加快，人们的工作陷入各种坎坷、挫折、磨难和那些不顺心、不如意的事情中，这些令人不快的事情让人感觉疲倦、无奈和痛苦。所以，越来越多的人走进了一个工作的误区，让心灵和身体处在无尽的忙碌状态中，他们以为这样就没有时间烦恼和痛苦了。结果却恰恰相反，他们疲于奔命，只是让自己又陷入另一个烦恼、痛苦的旋涡。事实上走出烦恼，远离痛苦的方法只有一个：学会工作，学会休息，让工作和休息融洽地结合在一起，才是最好的生活。

感悟人生 ❀ 一句话点亮人生

休息不是一种空虚状态，也不是一段假期，休息是工作与娱乐的合二为一，工作因为这种结合而变得崇高。有位伟人说："乐意工作的人，身心永远年轻，而能把工作与休息变作一种乐趣的人，是天下最聪明的人。"因此，当工作是一种快乐时，生活是甜的；当工作是一种负担时，生活是苦的。

点亮人生

健康的时候，人们会忘记肉体，专注地从事各自的工作，而当健康受影响时，人们才感觉到肉体的痛苦。

曾经有一位医生替一位成就卓越的实业家看病，劝他多多休息。实业家恼火地抗议："我每天承担巨大的工作压力，没有一个人可以分担一丁点儿的业务，大夫，你知道吗？我每天都得提着一个沉重的手提包回家，里面装的是满满的文件呀！"

"回家就该休息了呀！为什么晚上还要批那么多文件呢？"医生很奇怪地问道。

"那些都是当天必须处理的急件。"实业家不耐烦地回答。

"难道没有人可以帮你忙吗？你的助手、副总呢？"

"不行啊！这些只有我才能正确地批示呀！而且我还必须尽快处理，要不然公司怎么办？"实业家摆出一副不屑的样子。

"这样吧，我现在给你开个处方，你能否照办？"医生没有理会实业家，似乎心里已经有了决定。

实业家接过处方——"每个星期抽空到墓地走一趟，每天悠

闲地散步两小时。"

"每个星期抽空到墓地走一趟？这是什么意思？"实业家看到处方很是惊讶。

"我知道你看了处方会很惊讶，"医生不慌不忙地回答，"我希望你到墓地走一趟，看看那些已经与世长辞的人的墓碑，他们中有许多人生前

与你一样，甚至事业做得比你更大，他们中也有许多人跟你现在一样，什么事都放心不下，如今他们全都长眠于黄土之中，然而整个地球的转动还是永恒不断地进行着。谁离开这个世界地球都照样转。我建议你每个星期站在墓碑前好好想想这些摆在你面前的事实，也许会得到一些解脱"。

听到这里，实业家安静了下来，悄悄与医生道别。他按照医生的指示，放缓生活的步调，试着慢慢转移一部分权力和职责，一年后，让他想不到的是这一年企业业绩反倒比以往任何一年都好。

没有什么事值得你牺牲健康去换取，地球离开谁都会转动，你离开健康，生命的质量就会下降。这位医生所开的处方非常奇异，却十分有效。到墓地去走走，看看那些不管曾经多么叱咤风云的人物最终都要宁静地长眠于地下。受到这样的震撼，实业家终于改变了对自己健康的态度。

感悟人生 一句话点亮人生

当我们正在为生活疲于奔命的时候，生活已经离我们而去

——约翰·列侬

智慧悟语

无休无止的快节奏生活给现代人带来丰厚的物质回报的同时，也给人们带来了心理的焦虑、精神的疲惫和健康的每况愈下。

1989年，意大利记者、美食评论家卡洛·佩特里尼成立了"国际慢餐协会"，拉开了全球"慢生活"运动的帷幕。"慢生活"不是懒惰、无所作为和不思创新。放慢生活的速度也不是故意拖延时间，而是让我们做事有计划性，清理掉不必要的应酬和耗时项目，让生活更有效率，希望人们生活在一个更美好的世界。它是一种平衡，该快则快、能慢则慢，尽量以音乐家所谓的正确的节奏来生活。

"慢生活"追求的最佳心理状态应该是"工作再忙心不忙，生活再苦心不累"。就让我们从身边的一点一滴做起，从慢慢吃开始，放慢生活的脚步。让生活在"加急时代"的你、我、他，学会珍视健康，享受生活。

点亮人生

40岁的阿利是一位IT高级主管，他的好脾气在单位是出了

名的，但最近部门的销售形势出现了"瓶颈"，尽管大家都很卖力，但业绩榜上还是"吃白板"。

有一天，总经理关起门，"和颜悦色"地给他上起了销售培训课，即便没有一句训斥的话，可他还是觉得脸上挂不住。恰巧，工作一向认真的助理丽丽把一份报告打错了，于是一股无名之火蹿了上来，他拍着桌子，把报告扔到了丽丽头上，小姑娘眼泪滴滴答答地往下流，他仍然扯着嗓子不罢休。后来冷静下来，他自己也觉得有些失态，很是懊悔。

其实，这些坏情绪都是压力带来的，当压力越来越大，你的情绪就越来越差。然而，这还不是最可怕的，一旦压力超过了你的心理承受极限，大脑神经系统功能就会紊乱，出现失眠、头痛、焦虑、心慌、胃部不适等精神症状和躯体症状，进而引发身体疾病。

陈先生是一家企业的营销主管，每年的销售任务都很重，同行业竞争又特别激烈。他说自己都快成"空中飞人"了，一个城市接一个城市地出差，没有节假日，有时候午饭都没时间坐下来吃，常常是边走、边吃、边思考。最近他经常感到胸闷不舒服，刚开始没有太在意，后来，情况更加严重，出现气短、心跳加快、出虚汗等现象，到医院检查才知道患了冠心病。

生活中，像陈先生这样的人还有很多。由于工作节奏的不断加快，人们身不由己地过着超速的日子，许多人在不知不觉中损害了自己的身心健康。人们不得不时时刻刻想着自己的工作，累了、倦了、病了也要坚持，因为他们害怕一旦慢下来、停下来就会被别人超越，那么以前的努力就全白费了。在这种思想的控制下，人的精神处于越来越紧张的状态。受压抑的感情冲突未能得到宣泄时，就会在肉体上出现疲劳症状，甚至引起心理的扭曲变态，导致心理疲劳。在此种情况下，一旦发生弹性疲乏，势必造成精神上的崩溃。

长期从事快节奏工作的人还会出现神经衰弱的各种症状，例如，烦躁不安、精神倦怠、失眠多梦等神经症状，以及心悸、胸闷、筋骨酸痛、四肢乏力、腰酸腿痛和性功能障碍等其他症状，甚至可能引发高血压、冠心病、癌症等疾病。可以说，快节奏工作的人永远在寻找"奶酪"，但永远无法跷起二郎腿享受"奶酪"。

如今，"慢运动"正越来越受青睐。事实上，"慢半拍运动"在国外早就开始流行了，很多人长期坚持"每天一万步"的健身方法。如在离家还有一段距离时，下车步行回去，周末到近郊散步。"慢运动"可以为常常心急火燎的人"去去火"，就在慢慢走的同时，你将收获身心的健康和愉悦。因"慢运动"具有塑身、减压、美容等功效，所以成为不少上班族的首选。更多的人不希望做"时间的奴隶"，在运动中适度地放慢节奏，对人自身来说，是一种和谐。对于压力大的上班族来说，慢运动更是适合的一种运动。

PART3 去浮戒躁最养生

一张一弛，文武之道

——《礼记》

智慧悟语

　　紧张而繁忙的都市生活让现代人在忙中变成了"茫人"。他们不懂得及时刹车，及时休息，整天将自己像根绳子一样紧紧地绑在一个地方，久而久之，身体像大楼一样渐渐垮塌，精神也萎靡不振，对生活和工作造成严重影响。除了基本的健康知识和恰当的消息外，保持我们健康体魄的关键还在于乐观的心态与正确的生活方式。

点亮人生

　　在第一台蒸汽机的轰鸣声中，人类进入了工业时代。这个时代以速度为尊，一切追求快节奏、高效率，只有竞争，只有不断"搏出位"才能获得短暂的"安全感"。可是，这却让老年疾病年轻化，人类病谱复杂化，死亡的降临神速化。

　　2002年1月22日，澳大利亚年纪最大的寿星洛基特欢庆了他的111岁生日，家人为他举行了隆重的庆祝活动。1891年出生的洛基特曾在欧洲参加过第一次世界大战，多次负伤，是当时澳大利亚健在的一战老兵中年纪最大的一位。洛基特有三子一女，年龄都在70岁以上，和父亲一样，他们的身体也都十分健康。洛基特被他所居住的城市看作是"镇城之宝"。在他111岁生日的庆祝活动上，身体依然十分硬朗的洛基特希望自己能够成为世界上最长寿的人。当人们问到他长寿的秘诀时，洛基特毫不犹豫地说："保持乐观，永远都不要着急！因为忧虑会令你折寿。"

英国时间专家格斯勒曾说："我们正处在一个把健康变卖给时间和压力的时代。"而且，这种变卖是不需要任何契约的，是以一种自愿的方式把我们的健康甚至幸福抵押出去。

这就是我们这个时代的主旋律，在这样的社会大环境下，各个年龄阶段的人都无一幸免，不知不觉被卷进"快餐生活"的大潮。可是我们很快就发现快餐生活危害健康。

一只小老鼠在路上拼命奔跑，乌鸦问它："小老鼠，你为啥跑得那么急？歇歇腿吧。"

"我不能停，我要看看这条道的尽头是个啥模样。"小老鼠回答，继续奔跑。一会儿，乌龟问："你为啥跑得这么急？晒晒太阳吧。"小老鼠依旧回答："不行，我急着去路的尽头，看看那里是啥模样。"一路上，问答反复。

小老鼠从来没有停歇过，一心想到达终点。直到有一天，它猛然撞到了路尽头的一个大树桩，才停下来。

"原来路的尽头就是这个树桩！"小老鼠喟叹道。

更令它懊丧的是，它发现此时的自己已经老迈："早知这样，还不如好好享受那沿途的风景，该多美啊……"

事实上，乐观的心境与健康的身体离我们并不远，只要我们懂得张弛有度的生活，就能获得它的垂青。现代都市人想要健康少病，在日常生活中注意一个"慢"字是非常重要的，在一定程度上可以说是养生保健的关键。

养生宜动，养心宜静。动静适当，形神共养，培元固本，才能使身心健康

——杨志才

智慧悟语

在医学上，"过劳死"属于慢性疲劳综合征，是超负荷工作导致的过度劳累所诱发的未老先衰、猝然死亡的生命现象。现在社会上受到"过劳死"威胁的主要是记者、企业家和科研人员。

据调查，目前新闻工作者中有79%死于40～60岁，平均死亡年龄45.7岁。此外，中科院的调查显示，科研人员的平均死亡年龄在52.23岁，15.6%死于35～54岁。而一项对中国3 539位企业家的调查显示，90%的人表示工作压力大，76%的人认为工作状态紧张，25%的人患有与紧张有关的疾病，而上海、北京、广州三地的企业高管慢性疲劳综合征罹患率最高。

如今"过劳死"这个词开始频繁地出现在人们的生活中，也让很多人开始反思自己的生活，关注自己的健康。但是，紧张的工作、现实的压力，让很多人在担心、害怕一段时间后，又恢复了以往忙碌的生活，甚至比以前更忙，于是，"过劳"继续侵蚀着人们的健康，并且变本加厉。

点亮人生

利奥·罗斯顿是美国最胖的好莱坞影星。1936年，在英国演出时，他因心肌衰竭被送进汤普森急救中心。抢救人员用了最好的药，动用了最先进的设备，仍没挽回他的生命。

临终前，罗斯顿曾绝望地喃喃自语："你的身躯很庞大，但你的生命需要的仅仅是一颗心脏！"

罗斯顿的这句话，深深触动了在场的哈登院长，他流下了泪。为了表达对罗斯顿的敬意，同时为了提醒体重超常的人，他让人把罗斯顿的遗言刻在了医院的大楼上。

1983年，一位叫默尔的美国人也因心肌衰竭住进了医院。他是位石油大亨，他在美洲的十家公司陷入危机。为了摆脱困境，他不停地往来于欧亚美之间，最后旧病复发，不得不住进来。他在汤普森医院包了一层楼，增设了五部电话和两部传真机。当时的《泰晤士报》是这样渲染的：汤普森——美洲的石油中心。

默尔的心脏手术很成功，他在这儿住了一个月就出院了。不过他没回美国。他回到苏格兰乡下的一栋别墅，这是他10年前

买下的，他在那儿住了下来。

1998年，汤普森医院百年庆典，邀请他参加。记者问他为什么卖掉自己的公司，他指了指医院大楼上的那一行金字。不知记者是否理解了他的意思，总之，在当时的媒体上没找到与此有关的报道。

后来人们在默尔的一本传记中发现这么一句话："富裕和肥胖没什么两样，也不过是获得超过自己需要的东西罢了。"

在效率就是生命的大时代中，人们以"工作奴隶"的形象出现在职场，为了成绩、为了加薪、为了保住工作岗位，每个人都在拼命。累死一个人对家庭而言重于泰山，但一个人被累死的影响不应止于此。

今天，我们认真审视"过劳死"，体味着在物质和精神双重困境下的挣扎。其实，面对死亡的最大意义在于，不论你是老板还是打工者，为了我们自己和身边的每个人都能像正常人一样生活，从现在开始，让生活的脚步慢下来吧！

日本"过劳死"预防协会认为，一旦有下述表现，你可能已

经身陷"过劳"之中：

1. 过早地挺起"将军肚"。30岁～50岁就大腹便便，出现高血脂、高血压等。

2. 脱发乃至早秃。每次洗澡都会掉许多头发，提示压力大，精神紧张。

3. 性能力下降。人到中年，男子阳痿或性欲减退，女子过早闭经，都是健康衰退的第一信号。

4. 记忆力减退，甚至忘记熟人的名字。

5. 精力很难集中。

6. 睡着的时间越来越短，睡醒仍感疲乏。

7. 头痛、耳鸣、目眩。

8. 经常后悔，情绪易波动，易怒、烦躁、悲观，且难以控制。

9. 经常爱上厕所，小便频繁，尤其是面临突发事件时。

养身之道，以"君逸臣劳"为要

——曾国藩

智慧悟语

"生于忧患，死于安乐"，谁人都不陌生，这句话同样适用于养生。人们一旦享受了安逸就意志消沉，从而丧失了积极奋斗的心。在养生中，一味地享受安逸，不利于身体健康，一味地纵欲更是于身有害。人活着，就不应该过分安于现状，只懂得贪图

感悟人生 一句话点亮人生

欢乐。

曾国藩对于逸与劳的辩证关系有着自己的见解。"养身之道，以'君逸臣劳'四字为要。省思虑、除烦恼，二者皆所以清心，'君逸'之谓也；行步常勤，筋骨常动，'臣劳'之谓也。阁下虽自命为懒人，实则懒于'臣'而不甚懒于'君'。盖早岁偏激之处至今尚未尽化，放思虑、烦恼二者不能悉蠲。以后望全数屏绝，不轻服药，当可渐渐奏效"。所以他无论何时都时常自省，来审查自己是否滋养于安逸的温床，忘记了忧患。更是时刻提醒自己，警醒自己纵欲的后果。

虽然曾国藩的嗜好给他带来种种益处，但是曾老也时常为自己过分沉溺于其中而感到懊恼。"每日除下棋看书之外，一味懒散……日内荒淫于棋，有似恶醉而强酒者，殊为愧悔。"他总是使自己处于一种紧张的状态之中，时刻准备好迎接命运的挑战。他更是用书中先哲的例子教育自己"职分所在，虽曰读古书，其旷官废弛，与废于酒色游戏者一也。庄生所谓臧毂所业不同，其于亡羊均也"。

点亮人生

世上的人们所尊崇看重的，是富有、高贵、长寿和善名；所爱好喜欢的，是安适的身体、丰盛的食品、漂亮的服饰、绚丽的色彩和动听的乐声；所认为低下的，是贫穷、卑微、短命和恶名；所痛苦烦恼的，是身体不能获得舒适安逸、嘴里不能获得美味佳肴、外形不能获得漂亮的服饰、眼睛不能看到绚丽的色彩、耳朵不能听到悦耳的乐声。我们总是在无形之中一步步朝着安逸靠近，一步步远离忧患意识，最终慢慢地走向死亡。

就拿鱼和飞蛾的一生来对比。它们的一生虽简短而平凡，却各有不同。飞蛾的前大半生是生活在蛹里的，它在里面沉默地生活、成长。终于到了破蛹而出的时刻，可飞蛾的身体每向前移一步，身上便要承受蛹壳的割划，就像安徒生笔下在王子的舞会中翩翩起舞的小美人鱼，一边美丽着，一边承受着锥心之痛……终于，飞蛾战胜了磨难，扑向蓝天，与白云共舞。

鱼一生都生活在柔软的水中，它的生活是安逸顺畅的。每当风浪即将来临，鱼便慌乱地游到水面，东游西窜，惊慌失措，风浪一到便躲到水底再也不敢出来。终于有一天，鱼碰到了自己所谓的"磨难"，这磨难只是碰掉了一块鳞，鱼就怕得不得了，在担惊受怕中鱼把自己生生地吓死。鱼其实是可以不死的，如果它能够懂得居安思危，正视苦难，早早地锻炼悠游的能力，它自然可以在风浪中活得逍遥自在。

人们活着应该时刻有一种忧患的意识，只有这样才能更加注重关心自己的身体，不会养尊处优，丢掉延年益寿的机会。

第五篇

人际交往：己所不欲，勿施于人

欣赏他人也是尊重自己

赞美别人就是把自己放在同他一样的水平上

——歌德

智慧悟语

赞美别人，可以使我们的心灵在欣赏与赞美中得到净化。赞美别人，可以使我们的内心满溢着爱，从而建立健康和谐的人际关系。如果经常赞美别人便会发现我们身边有太多美好的东西，我们的生活充满了阳光，会发自心底对生命对生活充满感激。在这个节奏飞快的现代社会，在这个无暇沟通的生活环境中，学会赞美别人，人与人之间便会多一分理解，少一点戒备；多一分温暖，少一点冷漠；多一分融洽，少一点隔阂。

赞美，必须是发自内心的对他人的认可；必须是源于真诚的对他人的肯定；必须是怀着善意的对他人的鼓励；在赞美他人的同时，其实我们自己也能由衷地分享到快乐和心喜的情趣。

一位西班牙学者说："智者尊重每个人，因为他知道人各有所长，也明白成事不易。学会欣赏每个人会让你受益无穷。"因为欣赏别人是建立在赞同的基础上的，这也是一个学习的过程。

欣赏别人，不仅能给人以抚慰、温馨，还能给人以鞭策，使人的潜能被充分地激发出来，去争取更大的成功。懂得欣赏别人，别人也许也在欣赏你，久而久之，别人的优点也成了你的优点，别人的美丽也成了你的美丽，你也会成为一道亮丽的风景。

点亮人生

看不到别人优点的人，可以用"一叶障目"来形容。"一叶障目"讲述的是这样一个故事：

从前，楚国有个书呆子，家里很穷，成天琢磨着"天上掉馅饼"的好事。

某天，他看到一本书上写着："如果得到螳螂捕捉蝉时用来遮身的那片叶子，就可以把自己的身体隐蔽起来，让谁也看不见。"这可把书呆子给乐坏了，他在心里想：如果我能得到那片叶子，我就可以去偷点金银珠宝回来，这样我们家就不穷了。"

于是，书呆子每天都在树林里找来找去，寻找那片可以隐身的叶子。终于有一天，他看见一只螳螂隐身在一片树叶下捕捉蝉，于是他兴奋地摘下那片叶子，可一阵风吹来，那片叶子掉在了地上，和地上的其他叶子混在了一起，分辨不出来了。没办

法，书呆子只好把地上的落叶都装了起来，带回了家。

回家以后，为了找出那片隐形叶，书呆子每拿起一片叶子挡住自己，就问妻子："你能看见我吗？"妻子不明白他的用义，于是便老老实实地回答："看得见。"他问得多了，妻子就有点不耐烦了，心想："你逗我玩呢？那我也逗你玩。"因此，当书呆子再拿起一片叶子时，妻子说："你在哪儿呢？怎么不见了呢？"

书呆子乐坏了，拔腿就往门外跑，嘴里喊着："我终于找到了！"妻子正忙着干活，也没管他。

到了街上的店铺里，书呆子用树叶挡住自己，当着店主的面，随手拿了几件东西就走，被店主抓了起来。书呆子大吃一惊："你怎么能看见我呢？"

书呆子因为犯了偷窃罪，被送到了县衙里受审，县官觉得很奇怪，居然有人敢在光天化日之下偷东西，便问他究竟是怎么回

感悟人生 ❀ 一句话点亮人生

事，书呆子说出了事情的原委，县官不由得哈哈大笑，把他放回了家。

"一叶障目"的故事看似是一个笑话，其实它就是在隐射那些自以为是的人们，他们只懂得关注自己，而不懂得去关注别人。生活中，很多人常常会不自觉地和那个"一叶障目"的人一样，被眼前的一片薄薄的叶子蒙蔽了自己的眼睛，使得他们无法看到其他东西，而这片叶子的名字，就叫作自我。

美国心理学家威廉·詹姆斯曾说："人性中最深切的心理动机，是被人赏识的渴望。"我们都渴望得到别人的欣赏，同样，每个人也应该学会欣赏别人。其实，欣赏与被欣赏是一种互动的力量之源，欣赏者必具备愉悦之心，仁爱之怀，成人之美的善念；被欣赏者也必产生自尊之心，奋进之力，向上之志。

如果你想要说服他人，应该首先从称赞与欣赏他人开始

——戴尔·卡耐基

智慧悟语

欣赏，是进入心灵的阳光，是融化坚冰的暖流，是沟通人与人关系的桥梁，也是做人的必修课。

学习欣赏，必须打开心灵的窗户；学会欣赏，首先要学会尊重。

想要每一天的生活、工作，都在幸福、快乐、愉悦中度过，就必须让欣赏的阳光进入心灵，善待生活、工作和他人……

漫漫人生，我们无法预测生活中的每一个节点；朝夕劳作，我们不能避免工作中的每一处失误；多彩世界，我们难以绕开情感中的每一场波澜……学会欣赏，就不会以小人之心度君子之腹；理解欣赏，就不会以己之言堵他人之口；懂得欣赏，就不会要求"玫瑰花散发出和紫罗兰一样的芳香"。

真诚的欣赏，既能让别人感觉自身价值，也能让自己从中受益。学会欣赏，眼中就会少一点对人生的哀怨；理解欣赏，就会对平凡的工作多一分热爱；懂得欣赏，就能化解不必要的猜疑和纠纷。

点亮人生

学会欣赏，就能从失望中看到希望，既能随遇而安不失本色，又能顺势而为因势利导；理解欣赏，就能从消极中走向积极，既能同心同德起家于白手，又能上下同心创造伟业；懂得欣赏，就能从困境中转入佳境，既能历尽劫波情意在，又能赠人玫瑰手留余香；学会欣赏，认真倾听就会成为一种习惯；理解欣赏，及时赞许就会真正发自心田；懂得欣赏，尊重竞争对手就会有更好的表现；学会欣赏，即使高手如林，您也不会妄自菲薄；理解欣赏，即使先天不足，也会努力向上；懂得欣赏，即使身陷困境，也会充满希望。

每一个成功的人的背后，都有欣赏自己、发现自己的"伯乐"。

他们的鼓励、支持和欣赏，激发了个人潜能，最终将成就英才。相反，没有人去欣赏、发现，即使是千里马，也可能郁郁而终、没有作为。我们每一个人，都离不开他人的鼓励，同样，我们也应该怀着爱心，去欣赏和鼓励他人。

称赞不但对人的感情，而且对人的理智也起着很大的作用

——列夫·托尔斯泰

智慧悟语

欣赏是激励和引导，是理解和沟通，是信任和支持，它能让平凡的生活蜕变为美丽和谐的艺术，有了欣赏，一切美好愿望都具备了实现的可能性。善于理智欣赏他人的人，也会得到他人的欣赏和帮助，创造一个轻松和谐、洋溢着浓浓人情味的温馨世界。

"适时的欣赏是免费的，但它却价值连城。"沃尔玛连锁创始人山姆·沃尔顿如是说。

医学专家研究证明，欣赏不但能使我们的心理层面得到满足，对生理方面也有非常积极的作用。无论是给予还是接受欣赏，都会触动人类大脑中控制快乐幸福的中枢神经，让神经末梢产生类似抗抑郁药才能带来的兴奋感觉——甚至即使我们明知对方的欣赏并非真诚，也同样会如此。

点亮人生

一个驯兽师在训练鲸鱼的跳高，在开始的时候他先把绳子放在水面下，使鲸鱼不得不从绳子上方通过，鲸鱼每次经过绳子上方就会得到奖励，它们会得到鱼吃，会有人拍拍它并和它玩，训练师以此对这只鲸鱼表示鼓励。当鲸鱼从绳子上方通过的次数逐渐多于从下方经过的次数时，训练师就会把绳子提高，只不过提高的速度会很慢，不至于让鲸鱼因为过多的失败而沮丧。训练师慢慢地把绳子提高，一次一次地鼓励，鲸鱼也一步一步地跳得比前一次高。最后鲸鱼跳过了世界纪录。

无疑是鼓励的力量让这只鲸鱼跃过了这一载入吉尼斯世界纪录的高度。对一只鲸鱼如此，对于聪明的人类来说更是这样，鼓励、赞赏和肯定，会使一个人的潜能得到最大限度的发挥。可事实上更多的人却是与训练师相反，起初就定出相当的高度，一旦对方达不到目标，就大声批评。

观众的掌声对一个赛场上的球队有没有好处？答案是肯定的。每个球队都知道，赛场上天时、地利、人和都是非常重要的。观众鼓励球队的热情是支持球队打赢球最重要的力量之一。每个球队都承认，球迷的打气使他们感觉自己受到了尊重，情绪激动，斗志昂扬。

同样的道理，在日常生活中，鼓励也是很重要的一个因素，而且也是很有用的。在家庭里，夫妻应该彼此鼓励，父母与子女应该彼此鼓励；在工作中，老板和员工更是应该彼此鼓励；在生活中，朋友之间也应彼此鼓励。

PART2 达观处世，方能从容

做人要懂谦虚，做事要高水平

——谚语

智慧悟语

做人一定要懂得谦虚才好，因为只有懂得谦虚做人，才不会引来别人的嫉妒，才能平安无事，才能生活圆融、快乐。

谦虚做人，是一种品格、一种风度、一种胸襟、一种智慧，是做人的最佳姿态。想成就大事的人必要宽容于人，才能得到别人的赞赏和钦佩，这正是人能立世的根基。根基既固，才有枝繁叶茂，硕果累累；倘若根基浅薄，便难免枝衰叶弱，不禁风雨。谦虚做人，不仅可以保护自己、融入人群，与人们和谐相处，也可以让人暗蓄力量、悄然潜行，在不显山不露水中成就事业。做人只有谦虚一点，才可成功。

点亮人生

　　汉代名将韩信，他在未成名之前，有一次走在淮阴的路上，有个不良少年看他不顺眼说："你看起来挺神气，不过，只是中看不中用。有气魄的话，你就来杀我；不敢，就从我胯下爬过去。"韩信忍一时之气，从别人胯下爬过。他的这种低姿态，肯收敛一时意气的低调，让他以后立了不少战功。而且后来韩信被贬为淮阴侯之后，深知高祖刘邦畏惧他的才能，所以从此常常装病不参加朝见或跟随出行。他的这种低调实在令人值得学习。

　　当然，我们所说的谦虚不是自卑自贱，是有傲骨而不显傲气，自信而不自以为是，给自己留有余地。不张扬，成功了会有惊喜，失败了不会招来冷语。低调一点，也可以少一点压力，活得轻松。学会低调做人，就要不喧闹、不做作、不招人嫉，即使你认为自己满腹才华，也要学会谦虚。

　　同样，在现实生活中，人们往往认同的高调出击并不一定就意味着成功；相反，低调的做法却往往为自己赢得了机会，赢得了成功。

　　有一位高校的计算机博士，毕业之后，他决定找一份适合自己的工作，但结果却出乎他所料，好多家公司一看他是博士都不愿意贸然录用他。思前想后，他决定收起所有证明去求职。不久，他被一家公司录用为程序输入员，这对他来说简直是大材小用，但是他仍然干得一丝不苟。不久，老板发现他能看出程序中的错误，非一般的程序输入员可比，这时他亮出了自己

的学士证，于是老板给他换了个与大学毕业生对口的职位。过了一段时间，老板发现他时常能提出许多独到的、非常有价值的建议，远比一般的大学生要高明。这时，他又亮出了自己的硕士证，于是老板又提升了他。再过一段时间，老板觉得他还是与别人不一样，就找他谈话，此时他才拿出了自己的博士证，老板对他的水平有了全面认识，毫不犹豫地重用了他。他终于获得了老板的赏识，他以一种低调的方式一步步接近了目标，取得了成功。

　　谦虚做人，是做人的根本。在待人处世中一定要低调，特别是当自己处于不利的位置时，不妨先退让一步，这样做，不但能避其锋芒，脱离困境，而且还可以另辟蹊径，让自己重新占据主动地位。

其实，谦虚做人充分展现的也是一种谦逊的态度，一种面对成绩、成功而非常平静的态度。

人生处世要懂得谦虚，则酷暑寒冬都美，南北西东都好，高低上下都妙，人我界限都无。谦虚里蕴藏着深奥的人生哲理与处世妙诀。

夫唯不争，故天下莫能与之争

—— 老子

智慧悟语

无休止的争辩是一种无聊之举。不争辩不是懦弱无能的表现，相反正是一种睿智的态度。天下最接近"道"、最有智慧的人，便是不争的人。因为不争，内心才无比沉静。这样的人交友真诚，言语诚实可信，做事的时候必能尽其全力，因为他们不争，所以，才没有过失。

不争的人，不自我表扬，反而能显现其优势；不自以为是，反而能彰显其实力；不自我夸耀，反而能够见其功；不自我矜持，反而能够长久。这都是不争显现出来的结果。林语堂先生也说，正因为不争，天下才没人能与他争，他的不争就是他的强大和力量之源，世上便无人能与他相比。

点亮人生

　　在风景如画的美国加利福尼亚，年轻的海洋生物学家布兰姆做了一个十分重要的观察实验。一天，他潜入深水后，看到了一个奇异的场面：一条银灰色大鱼离开鱼群，向一条金黄色的小鱼快速游去。布兰姆以为，这条小鱼在劫难逃了。然而，大鱼并未恶狠狠地向小鱼扑去，而是停在小鱼面前，平静地张开了鱼鳍，一动也不动。那小鱼见状，便毫不犹豫地迎上前去，紧贴着大鱼的身体，用尖嘴东啄啄西啄啄，好像在吮吸什么似的。最后，它竟将半截身子钻入大鱼的鳃盖中。几分钟以后，它们分手了，小鱼潜入海草丛中，那大鱼轻松地去追赶自己的同伴了。

　　此后数月布兰姆进行了一系列的跟踪观察研究，他多次见到这种情景。看来，现象并非偶然。经过一番仔细观察，布兰姆认为，小鱼是"水晶宫"里的"大夫"，它是在为大鱼治病。鱼"大夫"身长只有三四厘米，这种小鱼色彩艳丽，游动时就像条飘动的彩带，因而当地人称它"彩女鱼"。

　　鱼"大夫"喜欢在珊瑚礁或海草丛生的地方游来游去，那是它们开设的"流动医院"。栖息在珊瑚礁中的各种鱼，一见到彩女鱼就会游过去，把它团团围住。有一次，几百条鱼围住一条彩女鱼。这条彩女鱼时而拱向这一条鱼时而拱向另一条鱼，用尖嘴在它们身上啄食着什么。而这些大鱼怡然自得地摆出各种姿势，有的头朝上，有的头向下，也有的侧身横躺，甚至腹部朝天。这多像个大病房啊！

　　布兰姆把这条彩女鱼捉住，剖开它的胃，发现里面装满了各种寄生虫、小鱼以及被腐蚀的鱼虫。它为大鱼清除伤口的坏死组织，啄掉鱼鳞、鱼鳍和鱼鳃上的寄生虫，这些脏东西又成了鱼"大夫"的美味佳肴。这种合作对双方都很有好处，生物学上将这种现象称为"共生"。在大海中，类似彩女鱼那样的鱼"大夫"共有45种，它们都有尖而长的嘴巴和鲜艳的色彩。

　　这些鱼"大夫"的工作效率十分惊人。有人在巴哈马群岛附近发现，那儿的一个鱼"大夫"，在6小时里竟接待了300多条病鱼。前来"求医"的大多是雄鱼，这是因为雄鱼好斗，受伤的机会较多；同时雄鱼比雌鱼爱清洁，除去脏东西后，它们便容光焕发，容易得到雌鱼的垂青。有趣的是，小小的彩女鱼在与凶猛

感悟人生　　一句话点亮人生

的大鱼打交道时，不但没受到欺侮，还会得到保护。布兰姆对几百条凶猛的鱼进行了观察，在它们的胃里都没有发现彩女鱼。然而，他却多次看到，这些小鱼进入大鲈鱼张开的口中，去啄食里面的寄生虫，一旦敌害来临，大鲈鱼自身难保时，它便先吐出彩女鱼，不让自己的朋友遭殃，然后逃之夭夭，或前去对付敌人。

在这个例子中，我们看到了生物之间彼此依靠、共栖共生的生存法则。特别是彩女鱼与其他鱼类之间那种温情脉脉的共存关系，不由得让人感到一丝温馨。与之相比，人类的很多行径却显得非常丑恶，为了一时的名利争得你死我活。合作是维持秩序、克服混乱的重要法则，一旦要各自居功、互不相让，这个法则必然遭到破坏，世间的秩序将无从谈起。林语堂先生在《八十自叙》中曾说，自己始终喜欢革命，却不喜欢革命家，他极讨厌政客，绝不加入任何团体与人争吵。从这句话不难看出，先生极力想远离那些被利益纷争缠绕的环境和身份，他想做个清净的人。只要远离这些，便可重拾清净，或许正因为如此，林语堂先生才会从厦门大学文科主任的职位上请辞，不做他人争权夺利的牺牲品。活得随意，远离烦恼。

老子说："只有无争，才能无忧。"利人就会得人，利物就会得物，利天下就能得天下。所以善利万民的人，如同水滋润万物而与万物无争，不求所得。所以不争之争，才是上等的策略。事事斤斤计较、患得患失，凡事都强出头，只会让自己活得更累。当你同别人争名夺利时，你也成了别人的眼中钉、肉中刺。

不争，才能带来生活的智慧和快乐。铭记此话，生活就会更加惬意美好。

孤独有时是最好的交际，短暂的索居能使交际更甜蜜

——弥尔顿

智慧悟语

孤独是一种人生感受，而独处是一种人生境界。如果过于活跃而不知独处，那么生活往往会演变成一种灾难。

独处是一种调剂。若长期处于人与人之间复杂的公关、交往沟通、协调、磨合、疏导之中，独处则是一种有益的调剂。它可以使自己紧张的神经松弛下来，可以让自己暂时进入一种安静清新的生存空间。就像交响乐经过热烈激昂的高潮后一下转入悠扬抒情的曲调一样，顿时让人产生凉爽、甜美的感觉。时时接受孤独洗礼的人，在人群中往往显得更加游刃有余。因为最难与之相处的，恰恰是自己。而独处、索居就是学会同自己相处的过程。把这个功夫做好了，自然在处理人际关系方面更加得心应手。

点亮人生

擅长交际固然是一种能力，而乐于独处同样是一种能力。后

者比前者似乎更能考验一个人的修养层次。交际只要花时间去投其所好，便能很容易交到一般意义上的朋友，而独处，若没有超人的定力与开阔的胸襟，则根本做不到。

恰恰是那些喜欢交际的人，一旦失去了喧哗与热闹，才会感到孤单，无所适从；喜欢独处的人，反而不会被孤单所困扰，他们尽情地享受沉思默想的美好体验，甚至会忘记时间的流逝。

独处，从心理学的角度讲，是进行内在经验的整合，它会使人变得睿智而从容；而交际，是人对信息的吸收与释放，期间固然也有思考，但那思考是肤浅而仓促的。这时候，就需要通过独处来梳理交际时获取的凌乱而纷杂的信息，取其精华，去其糟粕，使之真正为我所用，成为我的有机组成部分。

只喜欢交际，或者说花大量时间交际，而不耐独处，头脑中堆放了大量杂乱的信息，而得不到反刍与消解，人会变得轻浮、迷茫。只喜欢独处，而不喜欢与人交际，老死不与人往来，人会变得呆板、僵化，缺乏活力与激情。读书、看电视都是单方面的交流，没有思想的碰撞，算不得交往。

少了功利性的交往，必然澄澈而轻松，人人向往。网上聊天为什么那么有魅力，因为那就是一种全无禁忌的交往，双方可以随心所欲地交流，可以达到一种自由的美妙境界。

PART3 若想人信己，先要己信人

口是心非的人总以为别人也是口是心非的

——巴尔扎克

智慧悟语

　　诚信是相互的，你若能以诚待人，那么对方也会真诚地对你。不要因为别人因耍小伎俩得逞便怀疑诚信的意义，觉得社会中只有油头滑脑的人才吃得开。这些都是一时的风光，早晚是要栽大跟头的。小信成则大信也，平日里每一件事、每一句话都信守承诺，言行一致，时间长久，别人眼中的你就是一个值得相信的人。有了诚实忠信的性格，会给你的人生带来极大的价值。君子坦荡荡，小人常戚戚。心胸诚恳，活着便潇洒许多，自在许多。

　　信，乃人性的底线、品格的基石，失去了信义，一切将不复存在。生活中油嘴滑舌之徒，不仅对别人信口开河，对他人的言行举止也时刻存有疑心。欺骗他人的同时又不信任他人，试想和这样的人打交道是多么恐怖的事情。

子曰："人而无信，不知其可也。大车无輗，小车无軏，其何以行之哉？"孔子说为人、处世、对朋友，"信"是很重要的，无"信"绝对不可以。所以孔子说："人而无信，不知其可也。"

点亮人生

"大车无輗，小车无軏。"輗和軏都是车子上的关键所在。做人也好，处世也好，为政也好，言而有信，是关键所在，有如大车的横杆，小车的挂钩，如果没有了它们，车子是绝对走不动的。一个人失去信义，便无所依托，长此以往，别人对其只会敬而远之。信口开河、言而无信，只会让自己失去做人的从容与真挚，同时失去别人的真诚以待。

信，人之言为信，言而无信则非人。无论做什么，经商也好，做学问也好，当官也好，言而有信都是第一位的。

信，人之言为信，言而无信则非人。诚信，就好像是人生的保护色。生活中，我们需要真诚面对生活的态度。在开始追求自己的事业时，如果能下定决心，将自己的诚信心态当作事业的资本，做任何事都要求自己不违背诚信心态的话，那他在日后，即使不一定功成名就，也肯定不至于一败涂地。反之，一个在事业征途中失掉诚信心态的人，则永远不能成就真正伟大的事业。

刘宇大学毕业后，在父亲开的清洁公司干活。父亲用一桶清洗液和一把钢丝刷，头顶烈日为儿子上了重要的一课：每一件工作都好比是你的签名，你的工作质量实际上等于你的名字，只要脚踏实地，以一颗虔诚的心对待你的工作，迟早会出人头地。他按照父亲的教导，用钢刷蘸着清洗液把砖头洗得干干净净。

后来，刘宇在西南食品超市由包装工升为存货管理员，整天干着装装卸卸、摆摆放放这些细小麻烦的工作，但刘宇始终一丝不苟、乐此不疲。有朋友屡次劝他："别把青春耗费在这种没出息的事情上！"他却不以为然，仍是坚守着自己的工作信条：工作无大小，干好当下每件事。朋友认为他是个大傻瓜，一辈子也干不出什么名堂来。他却为自己能干好这件谁都不愿干的工作而自豪不已。他相信父亲的话："只要自己不断努力，只要以一颗虔诚的心认真地做好每件事，上帝一定会眷顾你的。"

果不其然，数年后刘宇脱颖而出，成为拥有8家商店、一年总营业收入达几千万元的大老板。而当初劝他的朋友们大都默默无闻。

一个人只要心诚，就可能战胜任何艰难险阻，甚至可以创造奇迹。因此，无论外界如何喧嚣，我们都要固守一颗虔诚的心。虔诚的心是对正念的把握，也是对信念的秉持。纤尘不染，杂念俱无，集念于一处，力量就是最大的。

有了"诚心"，会少许多抱怨；有了"诚心"，会少许多冷漠；有了"诚心"，会多几分热情；有了"诚心"，会多几分理解；有了"诚心"，会让人们的关系变得友好，变得温馨。

心诚不诚，也许骗得了别人，但终归骗不了自己。当然，结果的好与坏也存在着许多不确定因素，但总有一些因素是由心而定的。相信：忠诚地对待自己的理想、真诚地对待自己的学业和事业、坦诚地对待自己的亲人和朋友……好的结果就会出现，忠诚度、真诚度、坦诚度越高，好的结果就会越早出现。

被人揭下面具是一种失败，自己揭下面具是一种胜利

——雨果

智慧悟语

在复杂的大千世界中，人们或许是经历过无情的伤害，或许是不想让他人见到自己的丑处、弱点，于是许多人都戴上一副面

具招摇过市，以为这样就可以万事大吉。时间久了，这面具就很难摘下，反而成为心灵的负担。其实，根本不需要什么面具来遮掩。而且，面具再牢固，总有被人看破的一天。与其被别人揭开真面目时那样窘迫，不如自己大胆地除去面具，以本来的面目示人对己，又何尝不是一种人生的快意。

一个过于正直的人常常因为过于耿直而失去友谊，有时因为得罪他人而使自己失去权力或利益，所以很多人宁愿不要正直这种品德。所谓的"聪明人"总是巧言令色，欺骗那些相信他的人，而真正的诚实无欺者总是把欺骗看成一种背信弃义，情愿做光明磊落的刚正不阿者，而不愿做所谓的聪明人，所以他们总是和真理站在一起。如果他们和别人有意见分歧，这不是因为他们变化无常，而是因为别人抛弃了真理。

诚实无欺者看似单纯，常会被自作聪明者嘲笑，但一个言行诚实的人，有正义公理作为后盾，所以能够毫不畏缩地面对世界。一个行为上充满欺骗的人，在真理面前会无所遁形，因为他常常连自己的那一关都过不了。

点亮人生

美国前总统林肯，在年轻时就是诚信哲学的忠实拥护者。林肯当小职员时，诚实而勤快。一天，一位妇女来商店买了一些小物品，结算的结果是应付 2 美元 6 美分。

付完款后，那位妇女高高兴兴地走了。但是林肯对自己的计

算结果感到没有把握，于是又算了一遍，结果让他大吃一惊，他发现各种款额加起来后应该是 2 美元。

"我让她多付了 6 美分。"林肯不安地想。

钱不多，许多店员不会把它当回事，但是林肯决定负起责任。

"必须把多收的钱还回去。"他决定。

如果那位女顾客就住在附近，把钱还给她轻而易举，但她却住在两三英里之外的地方，这并没有动摇林肯的决心。天已经黑了，他锁好店门，步行来到那位女顾客的住处。到达后，他把事情讲述了一遍，将多收的钱如数奉还，然后心满意足地回了家。

真诚而无欺的人，首先做到的是从不自欺，然后才是不欺人。他的所作所为，不仅使自身获得轻松快乐，也值得他人信赖。正是这样的为人方式，使林肯赢得他人的信任和崇敬。

高尚的人并不因别人是何等人而忘记自己应当做怎样的人。在他们看来，不欺骗、不做作，才会让自己得到信任。要相信，面对一个绝不为个人利益放弃诚实的人，人人都会真诚接纳他，愿意和他交往，并真心地在他困难或创业时期，助他一臂之力。

第六篇

修养：做一个有灵魂的人

PART1 修养是灵魂的洗礼

习惯能成就一个人，也能摧毁一个人

——拿破仑·希尔

智慧悟语

拿破仑·希尔作为现代成功学大师和励志书籍作家，曾经影响了美国两任总统及千百万读者。他所创立的成功学和他的成功原则，都和他的热情一样，惠及世界的各个角落。而他对于成功的见解，也让我们对成功的定义有了更深刻的认识。

成功者之所以成功，不是因为他们有着多么高的天赋和过人的才华，而是因为他们有着良好的习惯，并善于用良好的习惯来提高自己的工作效率，进而提高自己的生活品质。他们发现，好习惯能改变命运，使自己过上充实的生活；好习惯能使身心健康，邻里和睦，家庭幸福美满。

感悟人生 一句话点亮人生

或许你习惯了懒懒散散、心灰意冷的日子，或许你对抽烟、酗酒、拖延、懒惰等坏习惯熟视无睹，那么你就不要再慨叹生活对你的不公，你就不要说梦想很难实现，更不要说你的经历很倒霉。归根结底，这一切都是你的坏习惯在作祟。如果你永远抱着这种坏习惯不放，却还在想着成功，那真是难于上青天。

点亮人生

一个好习惯能够让人受益终身，但是一个坏习惯有时候却会给我们带来不好的影响，甚至造成无法挽回的后果。

一家大型图书馆被烧之后，只有一本书被保存了下来，但并不是一本很有价值的书。一个识得几个字的人用几个铜板买下了

这本书。这本书并不怎么有趣，但里面有一个非常有趣的东西，那是窄窄的一条羊皮纸，上面写着"点金石"的秘密。

点金石是一块小小的石子，它能将任何一种普通金属变成纯金。羊皮纸上的文字解释说，点金石就在黑海的海滩上，和成千上万与它看起来一模一样的小石子混在一起，但秘密就在这儿。真正的点金石摸上去很温暖，而普通的石子摸上去是冰凉的。后来，这个人变卖了他为数不多的财产，买了一些简单的装备，在海边扎起帐篷，开始检验那些石子。这就是他的计划。

他知道若捡起一块普通的石子并且因为它摸上去冰凉就将其扔在地上，他有可能几百次捡拾起同一种石子。所以，当他摸着石子是冰凉的时候，就将它扔进大海里。他这样干了一整天，却没有捡到一块是点金石的石子。然后他又这样干了一个星期、一个月、一年、三年……他还是没有找到点金石。他继续这样干下去，捡起一块石子，是凉的，将它扔进海里，又去捡起另一块，还是凉的，再把它扔进海里，又一块……

但是，有一天上午他捡起了一块石子，这块石子是温暖的……但他把它随手就扔进了海里。他已经形成了一种习惯——把他捡到的石子扔进海里。他已经如此习惯于做扔石子的动作，以至于当他真正想要的那一块石头到来时，他也将其扔进了海里。

面对人生，你可以开放你的内心，当机立断，运用自己内在的能力，挣脱消极习惯的捆绑，改变自己所处的环境，投入另一个崭新的积极领域中，使自己体会到全新的生命活力。

回首向来萧瑟处，归去，也无风雨也无晴

——苏轼

智慧悟语

苏轼一生经历坎坷，但面对逆境，却一直怀着达观豁然的心态。在他的诗词里，这种从容的人生豪情随处可见。苏轼写的《定风波·莫听穿林打叶声》体现了他对待人生风雨的淡定豁达。做人就要学会宠辱不惊，得意之时不忘形，失败则继续努力，无论怎样的上升和降落，都应泰然处之，从容淡定地面对人生。

有一则有趣的笑话：下雨了，大家都匆匆忙忙往前跑，唯有一人不紧不慢，在雨中踱步，旁边跑过的人十分不解："你怎么不快跑？"此人缓缓答道："急什么，前面不也在下雨吗？"

从某种角度看，当人们在面临风雨匆忙奔跑之时，那个淡然安定欣赏雨景的人，其实才深谙从容的生活智慧。在现代都市竞争的人性丛林，从容淡定是一种难以达到的大境界，别人都在杞人忧天，慌不择路，只有他镇定从容。

其实，沮丧的面容、苦闷的表情、恐惧的思想和焦虑的态度是你缺乏自制力的表现，是你不能控制环境的表现。它们是你的敌人，你要把它们抛到九霄云外。面对得意和失意，都能从容面对，这样才算达到了一种较高境界。

点亮人生

宋代苏东坡在江北瓜州任职，与江南金山寺只一江之隔，他和金山寺的住持佛印禅师经常谈禅论道。一日，苏轼自觉修持有得，撰诗一首，派遣书童过江，送给佛印禅师印证，诗云："稽首天中天，毫光照大千；八风吹不动，端坐紫金莲。"八风是指人生所遇到的"嗔、讥、毁、誉、利、衰、苦、乐"八种境界，因其能侵扰人心情绪，故称之为风。

佛印禅师从书童手中接过，看了之后，拿笔批了两个字，就叫书童带回去。苏东坡以为禅师一定会赞赏自己修行参禅的境界，急忙打开禅师之批示，一看，只见上面写着"放屁"两个字，不禁无名火起，于是乘船过江找禅师理论。船快到金山寺时，佛印禅师早站在江边等待苏东坡，苏东坡一见禅师就气呼呼地说："禅师！我们是至交道友，我的诗、我的修行，你不赞赏也就罢了，怎可骂人呢？"禅师若无其事地说："骂你什么呀？"苏东坡把诗上批的"放屁"两字拿给禅师看。禅师呵呵大笑说："言说八风吹不动，为何一屁打过江？"苏东坡闻言惭愧不已，自认修为不够。

正如《菜根谭》里说："宠辱不惊，闲看庭前花开花落；去留无意，漫随天外云卷云舒。"为人能视宠辱如花开花落般的平常，才能"不惊"；视职位去留如云卷云舒般变幻，才能"无意"。"闲看庭前"大有"躲进小楼成一统，管他冬夏与春秋"之意；"漫随天外"则显示了目光高远，不似小人一般浅见的博大情怀；

一句"云卷云舒"又隐含了"大丈夫能屈能伸"的崇高境界。对事对物，对功名利禄，失之不忧，得之不喜，正是"淡泊以明志，宁静以致远"。

不管过去的一切多么痛苦，多么顽固，把它们抛到九霄云外。不要让担忧、恐惧、焦虑和遗憾消耗你的精力。要主宰自己，做自己的主人，从从容容才是真。

做情绪的主人

我只有一个忠告——做你自己的主人

——拿破仑

智慧悟语

悲观的人总是受累于情绪，似乎烦恼、压抑、失落甚至痛苦总是接二连三地袭来，于是频频抱怨生活对自己不公平，企盼某一天欢乐从此降临。但喜怒哀乐是人之常情，想让自己在生活中不出现一点烦心之事几乎是不可能的，关键是如何有效地调整、控制自己的情绪，做生活的主人，做情绪的主人。

很多乐观的人都善于控制自己的情绪，让自己活在快乐之中。人生在世，总会遇到很多悲伤与痛苦，如果不能掌控自己的情绪，就会成为情绪的奴隶，又何来乐观心态？斯摩尔曾经说过："做情绪的主人，驾驭和把握自己的方向，使你的生命按照自己的意图提供报酬。记住，你的心态是你——而且只是你——唯一能够完全掌握的东西，学着控制你的情绪，并且利用积极心态来调节情绪，超越自己，走向成功。"

人的一生不可能总是一帆风顺，在遇到挫折和失败时，学会做自己的主人可以让我们战胜一切挫折和失败。

点亮人生

弗兰克是一位心理学家，第二次世界大战期间，他被关押在纳粹集中营里，受尽了折磨。父母、妻子和兄弟都死于纳粹之手，唯一的亲人是他的一个妹妹。当时，他常常遭受严刑拷打，死亡之门随时都有可能向他打开。

有一天，他在赤身独处囚室时，忽然悟出了一个道理：就客观环境而言，我受制于人，没有任何自由；可是，我的自我意识

是独立的，我可以自由地决定外界刺激对自己的影响程度。

弗兰克发现，在外界刺激和自己的反应之间，他完全有选择如何做出反应的自由与能力。

于是，他靠着各种各样的记忆、想象与期盼不断地充实自己的生活和心灵。他学会了心理调控，不断磨炼自己的意志。他的自由的心灵早已超越了纳粹的禁锢。这种精神状态感召了其他的囚犯。他协助狱友在苦难中找到了生命的意义，找回了自己的尊严。

在弗兰克生命中最痛苦、最危难的时刻，在弗兰克精神行将崩溃的临界点，他靠自己的顿悟、靠成功的心理调控磨炼了意志。从而不仅挽救了他自己，而且挽救了许多与他患难与共的生命。

由于苦难、逆境，甚至是生理缺陷，产生和造就出了一些伟大的人物，因此在很多人的心目中便形成了一种对苦难和逆境的崇拜，而这种崇拜往往是盲目和消极的。不论逆境还是顺境，都要有一种积极健康的人生态度，即使步入顺境也要努力为自己设置新的目标，在追求这一目标中迎接新的困难和挑战，从而发展和完善自己的人格，而不可以倒退或停留，在困苦中应该保持积极的心态。

一个有抱负的人，必定想在社会中实现自己的理想，让自身价值得到社会认可。但是我们每跨出一步，必然会遇到一些意料不到的阻力。不同的环境对人们的作用是不同的，顺境与逆境、苦难与舒适使当事者付出的代价也是不同的。

获得平静的不二法门便有三道大关，依次是自制、自治与自清

——丹尼尔·戈尔曼

智慧悟语

自我节制、自我约束，是一种控制能力，它让我们减少了许多莽撞的行为和不必要的遗憾。伟大的诗人歌德也曾经告诫人们：不论做任何事情，自律都至关重要。

自律在我们生活中的重要性无异于爱于我们生活中的重要性，因为自律在一定程度上便正是爱自己和爱别人的体现。我们常常以为小孩子是最不会自律的，然而并非如此，他们之所以不自律是因为本身并不以为这件事情对他们来说是重要而富有意义的。

当他们渴望一件事情的时候，譬如游戏中，他们便非常完美地诠释了自律的存在，因为他们自己一点也不会违背游戏规则，反而努力地让周围的玩伴也遵守游戏规则。他们高兴，心中便有一种满足感，这是一种运动着的宁静，让人喜欢。

要想获得平静，没有自律是行不通的，世界上没有十全十美的人，每个人都会有缺点、错误。一个自律的人应该经常检查自己，对自己的言行进行自省，纠正错误，改正缺点，让生活变得更为妥帖。

我们常常觉得，自由自在才是好的，若某天受到自己或别人的性情支配，则自然而然会感到自己受到了束缚，不自觉地便会产生厌烦感；而正是这种厌烦让我们失去了平静，也失去了品味人生的大好时光。所以，若能克服自己的琐碎好恶、愤怒暴躁、怀疑妒忌，以及种种善变的情绪，那么我们便能将幸福收入囊中，充满香味。

点亮人生

　　谈到自律我们无一例外地会首先想到伟人，譬如鲁迅等，这让人感慨，因为正是他们拥有了这样或那样我们常人所没有的，或是所坚持不下来的，才达到了伟人的高度。所以，勤于读书的时候不妨多读些传记吧，看看伟人们的辛酸而又坚强的经历，我们很难不因此受到巨大的鼓舞。

　　鲁迅是我国现代著名的文学家、思想家和革命家。他自幼聪颖勤奋，12 岁时便到三味书屋跟随寿镜吾老师学习，在那里攻读

感悟人生　一句话点亮人生

诗书近五年。

鲁迅 17 岁时从三味书屋毕业，18 岁那年考入免费的江南水师学堂；后来又公费到日本留学，学习西医。1906 年鲁迅放弃了医学，开始从事文学创作，先后在北京大学、北京师范大学等学校任教，成为中国新文学运动的倡导者。

鲁迅的伟大并不仅在于这里，还在于他的忍耐力以及很多优秀的品质。当我们阅读了他的人生经历之后，我们便会全身充满力量。让我们把这种力量发挥出来吧，而不是任其在尘世中慢慢消散！

PART3 学习是一种信仰

学而不思则罔，思而不学则殆

——孔子

智慧悟语

孔子意在告诫人们，学习和思考有着辩证的关系，一味地读书而不思考，就会茫然不解，只能被书本牵着鼻子走；只是空想而不进行一定书本知识的积累，就会疲惫而无所获。因此，学习要做到学思相结合。

理学大师朱熹的《观书有感》中有一首诗："半亩方塘一鉴开，天光云影共徘徊。问渠那得清如许？为有源头活水来。"在这首诗中，诗人借池塘来比喻读书，读书好比池塘，不是死水一潭，而是灵动不断有新鲜生命注入的过程。这个道理与孔子的话在内涵上是一致的，都强调了读书思考的重要性。

读书知"出"知"入"，这才是严肃的求学态度和科学的求学方法。读书要力求深入，融会贯通，吃透精神实质；并且，读了以后还要能够跳出书本，学会运用，不能"死读书"，做书本的奴隶。

点亮人生

朱熹讲读书要做到"三到"：心到、眼到、口到。"三到"中最重要的是心要到，用心灵的眼睛来读书。我们应该意识到，是人在读书，而不是书在读人。因此，人动书自动，人活书自活，不要让书把人的脑筋套成死脑筋。

南宋学者陈善曾经说过："读书须知出入法。始当求所以入，终当求所以出。见得亲切，此是入书法；用得透脱，此是出书法。盖不能入得书，则不知古人用心处；不能出得书，则又死在言下。唯知出知入，乃尽读书之法也。"此言深中肯綮，道出了读书之法的精髓。开始读书时要求得怎样才能进去，最后要求得怎样才能出来。同样，读书要在不疑处生疑，大家都觉得习以为常的东西，你能打上问号，就是一种难能可贵的能力。善于提出问题进行创新，就能在书山学海中出入自如。

人在学问途上要知不足……学力越高，越能知不足。知不足就要读书

——冯友兰

智慧悟语

在漫漫人生长途中，一个人该用什么样的态度来学习呢？那就是必须每时每刻都保持一种谦虚谨慎的态度，只有虚怀若谷，一个人的内心才能不断吸纳知识，才能不断进步。

冯友兰先生便是一个始终秉持着谦虚的精神面对学术的人。面对广博的中国哲学与世界哲学，他从未为自己所了解的东西而满足，反而是怀有永不知足的心，让他不断地走向更为广阔的哲学世界。于是，他成为中国哲学界不可跨越的人物，成为世界范围内不容忽视的哲学家。正如他自己所说："人在名利途上要知足，在学问途上要知不足。在学问途上，聪明有余的人，认为一切得来容易，易于满足于现状。靠学力的人则能知不足，不停留于现状。学力越高，越能知不足。知不足就要读书。"这便是他学术成功的动力。

点亮人生

一个博士被分配到一家研究所，在那里，他学历最高。

有一天，他到单位后面的小池塘钓鱼，正好正副所长在他两

旁，也在钓鱼。他只是微微点了点头，这两个本科生，有啥好聊的呢？

不一会儿，正所长放下鱼竿，伸伸懒腰，"噌、噌、噌"从水面上如飞地走到对面上厕所。博士生眼珠瞪得都快掉下来了。水上飘？不会吧？这可是一个池塘啊。

正所长上完厕所回来的时候，同样也是"噌、噌、噌"从水上飘回来了。怎么回事？博士生又不好去问，自己是博士生啊！

过了一会儿，副所长也站起来，"噌、噌、噌"飘过水面上厕所去了。这下子博士生更是差点昏倒：不会吧？到了一个江湖高手云集的地方？

博士生也内急了。这个池塘两边有围墙，要到对面上厕所非得绕10分钟的路，而回单位又太远，怎么办？

博士生也不愿意去问两位所长，半天后，起身往水里跨：我就不信本科生能过的水面，我博士生不能过。只听"咚"的一

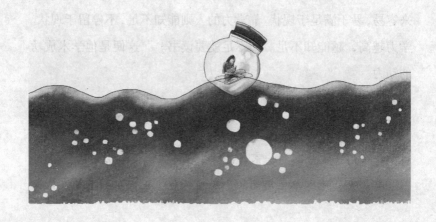

感悟人生 一句话点亮人生

声，博士生栽到了水里。

两位所长将他拉了出来，问他为什么要下水，他问："为什么你们可以走过去呢？"

俩所长相视一笑："这池塘里有两排木桩子，由于这两天下雨涨水正好淹在水面下。我们都知道这木桩的位置，所以可以踩着桩子过去。你怎么不问一声呢？"

博士生把学历看得高过一切，他甚至以为学历高的自己是无所不能的，所以才在两位学历比自己低的人面前闹了笑话。其实，他哪里知道，学历并不代表一切，只有学习的能力才是最重要的，而这种能力中至关重要的一个因素就是谦虚。南宋著名诗人杨万里，就是一个非常谦虚的人。

江西有个名士，常常说自己学识渊博，天下无人能及。后来，听说杨万里很有名，他很不服气，便写了一封信，说要亲自到杨万里的家乡——吉水来拜见他。杨万里早就听说此人骄傲得不得了，就给他回了一封信，说："我很欢迎您的到来，冒昧地向您提个请求，听说你们家乡的配盐幽菽非常有名，很想亲口尝尝，请您来时顺便捎带一点。"

名士拆信一看，一下子愣住了，什么是配盐幽菽呀？从未听说过。他想了很久，也想不出个结果，他又不好意思去问人，只好在街上乱找，但仍然一无所获。后来，他只好空着手来到吉水。见到杨万里后，他寒暄了两句就说："您说的配盐幽菽我找了很久也没有找到。实在抱歉！"

杨万里听了哈哈大笑："你们那里家家户户都有啊！"说着，他随手从书架上取下一本《韵略》，翻开其中的一页。名士一看，上面清楚地写着"豉，配盐幽菽也"一行字。他这才明白，原来配盐幽菽，就是家庭日常食用的豆豉啊！名士看了非常惭愧，他这才明白自己平日读书太少了。从此以后，他再也不骄傲自大、目中无人了。

一点童心犹未灭，半丝白鬓尚且无

——林语堂

智慧悟语

林语堂先生在 40 岁生日的时候写下"一点童心犹未灭，半丝白鬓尚且无"的诗句。他把自己比喻成一个烂漫孩童，天真地看着这个奇异多姿的世界。他觉得自己还有许多东西需要去学，去掌握，鼓励自己探索更多的未知，他甚至会因为别人具备自己没有的才能而苦恼。其实，那时的林语堂先生已经具有相当高的地位和名望，他大可因为自己的名望而出书、讲学，但林语堂先生没有这样做。一颗求知的心支撑他一直前行。智者在学习到更多的知识后会更加觉察到自己的"无知"，这种"无知"即是一种大智慧，林语堂先生就是如此。生活中的我们也应学习这种不断学习的精神和行为，要活到老学到老。只有这样，才更加具备

生存的资本。

点亮人生

　　对"终身学习"的认识，多数人能够认同，但也有一些人信奉"人过三十不学艺"的老观念，感到自己年龄大了，学也学不会，学不学无所谓。其实，学习是一辈子的事，不论年龄多大，只要开始学习，就不为晚，学习者永远年轻。

　　师旷是春秋时期晋国的乐师。他虽然是个双目失明的人，却依旧热爱学习，在音乐方面的造诣很深。有一天，晋平公问师旷："我70岁了，很想学习，恐怕已经太晚了吧？"师旷反问道：

"既然晚了，为什么不点起蜡烛呢？"晋平公听后，认为他答非所问，很气愤。师旷解释说："我这个瞎了眼的臣子哪里敢跟君王开玩笑呢？我听人说过：'少年时代热爱学习，好像旭日东升，光芒万丈；壮年时代热爱学习，好像烈日当空，光焰夺目；到了老年，才下决心学习，那就好像晚上点起蜡烛'。"晋平公听了，点头称赞道："你说得真好！"

成功无止境，学习无绝期。成功的人生，应当像河流，在汩汩流淌的过程中，不断汲取营养，丰富自己，充实自己。师旷鼓励70岁仍想学习音乐的晋平公，现在开始依然为时不晚。林语堂先生在事业上已取得很大成绩的时候仍不断学习，我们这些还在为梦想奋斗的人们，是不是更应像他那样孜孜不倦地追求呢？

感悟人生 一句话点亮人生

第七篇

事业：灵魂安身立命的时空

PART1

该做还是想做

造一座大厦，如果地基不好，上面再牢固，也是
要倒塌的

——李嘉诚

智慧悟语

凡是事业上有所作为的人，都是踏踏实实地从做简单的工作开始，慢慢发展起来的。他们通过做一些微不足道的小事找到自我发展的平衡点和支点，在沉得住气中积蓄力量，逐步迈向成功。所谓"万丈高楼平地起"：高耸的楼房是从地基开始，一砖一瓦搭建而成的；高大的树木是由一粒种子开始，发芽生根慢慢长大而成的；成功的事业是从一件件小事开始，一点一滴积累而成的。

建筑房屋要从地基开始建起，这是我们每个人都知道的。然而，对于事业要从点滴小事做起，我们许多人却对此颇为不屑，

感悟人生 ❁ 一句话点亮人生

深感自己"才高八斗""壮志凌云",大材小用是对人才的浪费!那些浅陋无知的人,往往只留意风光华丽的外表,却忽视了其所必需的内在支撑。没有根基的大厦,很快就会倒塌;没有踏实的工作,成功永远是空中楼阁。

点亮人生

一家驻北京的跨国公司招聘员工,吸引了大批年轻人前去应聘,但由于标准很高,许多人都被刷了下来。经过一番严格的筛选之后,一位年轻人脱颖而出,公司对他的表现也很满意。公司的人力资源部经理和他先后谈了三次,最后,问了他一个出人意料的问题:"如果我们要你先去洗厕所,你愿意吗?"

年轻人毫不在意地说:"我们家的厕所一贯都是我洗的。"结果他成功入选。原来,这家公司训练员工的第一课就是洗厕所,因为在服务行业里,他们的理念是:只有从最底层的工作开始学习,才能够真正懂得"以客为尊"的道理。

事后,有人问这位年轻人:"当时你为什么那么干脆回答自己愿意洗厕所呢?"年轻人说:"我刚毕业,没有工作经验,不可能一开始就能跃居高位,从底层做起,对我来说是很自然的事,这样更能锻炼自己。"

在工作中,谁都希望能得到上司的信任与重用,都希望上司能把最重要的工作交给自己完成,但并不是每一个人都能如愿以偿的。这位年轻人的可贵之处就在于有自知之明,能对自己进行

准确定位。相比之下，许多员工则对自己抱有不切实际的期望，认为自己一开始就应该受到重用，不愿意从最基本的工作做起，认为底层的工作没有任何意义，对自己毫无价值。

其实，基层是最容易积累工作经验的地方，也是最容易锻炼人的地方。基层工作给了你一个熟悉业务、掌握业务的机会，是一个经验积累的平台。沉住气，从基层做起，可以锻炼你的能力，从而更好地磨炼你。

每个人都有梦想，但再宏伟的建筑也要从地基开始。本田的总裁能从小小的推销员做起，大企业当年也是从小平房起步的。脚踏实地才能成就非凡事业，眼高手低只会让自己游走于困惑与茫然的边缘。

远见告诉我们可能会得到什么东西，远见召唤我们去行动

——凯瑟琳·罗甘

智慧悟语

远见会使你的工作与生活轻松愉快。它赋予你成就感，赋予你乐趣。当那些小小的成绩为更大的目标服务时，每一项任务都成了一幅更大的图画的重要组成部分。

远见会为你的工作增添价值。同样，当我们的工作是实现远

见的一部分时，每一项任务都具有价值，哪怕是最单调的任务也会给你满足感，因为你看到更大的目标正在实现。

如果你有远见，那么你实现目标的机会就会大大增加。美国商界有句名言："愚者赚今朝，智者赚明天。"一切成功的企业家，每天必定用80%的时间考虑企业的明天，20%的时间处理日常事务。着眼于明天，不失时机地发掘或改进产品或服务，满足消费者新的需求，会独占鳌头，形成"风景这边独好"的佳境。

点亮人生

19世纪80年代，约翰·洛克菲勒已经以他独有的魄力和手段控制了美国的石油资源，这一成就主要受益于他从创业中锻炼出来的预见能力和冒险胆略。1859年，当美国出现第一口油井时，洛克菲勒就从当时的石油热潮中看到了这项风险事业是有利可图的。他在与对手争购安德鲁斯·克拉克公司的股权中表现出了非凡的冒险精神。拍卖从500美元开始，洛克菲勒每次都比对手出价高，当达到5万美元时，双方都知道，标价已经大大超出石油公司的实际价值，但洛克菲勒满怀信心，决意要买下这家公司。当对方最后出价7.2万美元时，洛克菲勒毫不迟疑地出价7.25万美元，最终战胜了对手。

当他所经营的标准石油公司在激烈的市场竞争中控制了美国市场上炼制石油的90%时，他并没有停止冒险行为。19世纪80年代，有人发现一个大油田，因为含碳量高，人们称之为"酸油"。当时没有人能找到一种有效的办法提炼它，因此一桶只卖15美分。洛克菲勒预见到这种石油总有一天能找到提炼方法，坚信它的潜在价值是巨大的，所以执意要买下这个油田。当时他的这个建议遭到董事会多数人的坚决反对，洛克菲勒说："我将冒个人风险，自己拿出钱去购买这个油田，如果必要，拿出200万、300万。"洛克菲勒的决心终于迫使董事们同意了他的决策。结果，不到两年时间，洛克菲勒就找到了炼制这种"酸油"的方法，油价由每桶15美分涨到1美元，标准石油公司在那里建造了当时世界上最大的炼油厂，赢利猛增到几亿美元。

伟大的理想只有经过忘我的斗争和牺牲才能胜利实现

——乔万尼奥里

智慧悟语

"敢为天下先"是要人们敢于做先行者，开天下万物之先河，做他人未曾做过的事。在老子所处的那个乱世，老子推崇"无为而治"的人生理念，因此他是不推崇人们"敢为天下先"的，怕人们犯了激进主义的毛病，扰乱了生活的清净。

然而，综观古今，凡有成就者，他们无不具有勇于尝试的勇气。神农氏冒生命危险，尝遍百草，创出古未有之事，使后世子孙享福延寿；孔子在春秋战乱时期大胆提出"仁道"思想，创立儒家学派，为中国的文化奠定了坚实的儒学基础；司马光耗尽毕生的精力，终于完成第一本编年体通史——《资治通鉴》；苏轼大胆创立"豪放派"宋词，使宋词大放异彩……人类历史上的每一次进步都是"敢为天下先"最好的证明。

点亮人生

咸丰初年，山西祁县乔家堡乔家大东家乔致广生意失败，病重去世。乔家在包头因和对手邱家争做霸盘生意导致银两亏缺、货物滞销。股东、商家纷纷上门讨要股银和货款。危难之际，不但没有商家愿意借银子帮助乔家渡过难关，反而都窥视着乔家的产业伺机瓜分。乔家的生意危在旦夕。

在此危亡时刻，身为二东家的乔致庸临危受命，背负起挽救危亡、振兴乔家的重任。一接手乔家的生意，乔致庸就立即赶到包头，先稳定了内部的人心，更是在包头众人疑惑的眼光下，兵行险招，最终借来了周转的资金，顺利渡过了危机。由于乔致庸的宽容大度，还使得乔家与竞争对手达盛昌化干戈为玉帛。之后，乔致庸更是"敢为天下先"地打破行规，大胆启用有能力的新人，并制定了新店规，保证了乔家生意稳定的同时也逐步建立了以"诚信"为首的商业秩序。更使得乔家的复字号成为包头第一大商号，几乎垄断了整个包头市场，留下"先有复盛公，后有包头城"的美名。

当时，由于北方捻军和南方太平军起义，南北茶路断绝，乔致庸平复包头危机之后，最大的功绩，当属疏通南方的茶路、丝路。为商家谋利，为天下运茶，为天下茶民造福，一举三得。然而，利润常常与风险共存，南下贩茶千里万里，山高水险，况且当时也并非太平盛世，太平军雄踞长江，清政府统治岌岌可危。疏通江南的商路在晋商们眼里几乎是天方夜谭。然而，在乔致庸眼里，这却是个难得的机会——天下人皆不去疏通茶路，这里就暗藏着一个天大的商机。乔致庸敢为天下先，联合水家、元家、邱家的资金，浩浩荡荡，历尽艰难险阻，南下武夷疏通商路，然后又北上恰克图开辟市场，终于实现了"货通天下"的梦想，乔家大德兴扬名四海。

PART2

思考是地球上
最美的花朵

真知灼见，首先来自多思善疑

——洛威尔

智慧悟语

积极思考是现代成功学非常强调的一种智慧力量，如果做一件事不经过思考就去做，大多时候我们会因为自己的鲁莽而碰壁，甚至会造成难以挽回的后果。所以，最保险的办法是三思而后行。但"思"也不是件简单的事，思考也有它的特点和方法。成大事者都有自己独特的思考方法。

思考习惯一旦形成，就会产生巨大的力量，爱因斯坦非常重视独立思考，他说："高等教育必须重视培养学生具备会思考、探索的本领。人们解决世上所有问题用的是大脑的思维本领，而不是照搬书本。"

点亮人生

正确的思考方法不是天生就有的，它需要后天的训练和个人的有意培养。只要努力，就会有所收获。

下面介绍几种思考方法，仅供参考。

1. 正确认识自己

西方有句话说得好："性格即命运。"意思是命运是掌握在每个人自己手中的，因此各人的性格与心态关系到各人的人生命运。

我们怎样对待生活，生活就怎样对待我们；我们怎样对待别人，别人就怎样对待我们。如果我们把自己的境况归咎于他人或环境，就等于把自己的命运交给了上天。如果我们始终对自己说"我能行"，并积极行动，我们也许就可以无所不能。

2. 专注——"成功的第一要素"

思考是一件需要聚精会神的事情，也就是专注。

《成功》杂志庆祝创刊 100 周年时，编辑们节录了一些早期杂志中的优秀文章，其中有一篇《爱迪生的访谈》给读者们留下了深刻的印象，这篇访谈的作者奥多·瑞瑟在爱迪生的实验室外安营扎寨了三周才获得了访问这位伟大发明家的机会。以下就是访谈的部分内容：

瑞瑟："成功的第一要素是什么？"

爱迪生："能够将你身体与心智的能量锲而不舍地运用在同一个问题上而不会厌倦的本领……可以说，我们每个人每天都做了

不少的事。假如你早上7点起床，晚上11点睡觉，你就能做整整16个小时的工作，唯一的问题是，他们能做很多很多事，而我只能做一件。假如你们将这些时间运用在一个方向、一个目的上，你就会成功。"

由此可见，只有选准目标，并且专注于其上，才有可能获得成功。

3. 构建合理的知识结构

我们要明白这样的道理，什么事情都要有一个合理的结构，这样才能成立。这样的结构只有通过思考才能建立，反过来，只有合理的知识结构，才能促进你在事业中更好地思考。所以，要成大事，就要有自己的知识结构，从而使知识化为成功的动力。

知识结构具有全球普遍的价值和意义。任何民族、任何国家都有自己独特的知识结构，而且任何艺术家、任何伟人、任何大师，甚至每一个人都有自己独特的知识结构。知识结构是一个人、一个民族、一个国家进行伟大创新和创造的基础，是人类文明大厦的基石。就个人而言，知识结构更是其创造的支柱、成功的保障。

在知识经济的背景下，具有合理知识结构和知识应用本领并能积极思考的人，将是时代的主人，而这一切都来源于强大的学习思考本领。这是未来社会对人才的基本要求，即在未来社会每个人都必须做到"无所不能"。在这个信息纷繁复杂、科技日新月异的时代里，青年人如果没有高超的学习及思考本领，就不能及时学习新的理论、技能，不能及时更新观念，结果必然是被淘汰出局。

由智慧养成的习惯成为第二天性

——培根

智慧悟语

旧的习惯被破除，新的习惯又会产生，只是我们深信："创新是创新者的通行证，习惯是习惯者的墓志铭。"

一个好习惯是一种思维定式，是一种行动的本能。我们习惯在早已习惯的轨道上滑行，我们习惯在习惯的人与事中穿梭。这种轻车熟路的感觉让我们安逸舒适，这种美好愉悦的心境让我们一路上看到的净是良辰美景。

点亮人生

有一个伐木工人在一家木材厂找到了工作，报酬不错，工作条件也很好，他很珍惜，下决心要好好干。

第一天，老板给他一把利斧，并给他划定了伐木的范围。这一天，工人砍了 18 棵树。老板说："不错，就这么干！"工人很受鼓舞，第二天，他干得更加起劲，但是他只砍了 15 棵树。第三天，他加倍努力，可是仅砍了 10 棵。

工人觉得很惭愧，跑到老板那儿道歉，说自己也不知道怎么了，好像力气越来越小了。

老板问他："你上一次磨斧子是什么时候？"

"磨斧子？"工人诧异地说，"我天天忙着砍树，哪里有工夫

磨斧子！"

这个工人以为越卖力工作，成果就会越大，殊不知，"磨刀不误砍柴工"，没有锋利的工具，又怎么能干出有效率的工作呢？这个工人的失误就在于思维习惯束缚了他。

还有一则笑话：

有一天，某局长突然接到一封加急电报，电文是："母去世，父病危，望速回。"阅毕，局长痛不欲生，边哭边在电报回单上签字，邮递员接过回单一看，那上面写的竟是"同意"二字。原来局长已经习惯写"同意"了。

看了这则笑话许多人大笑过后，不禁陷入了沉思，习惯对个人及集体的影响实在太大了。

好习惯可以助人成长，坏习惯则可以毁人一生。

伟大的思想能变成巨大的财富

——塞内加

智慧悟语

穷之所以穷，富之所以富，不在于文凭的高低，也不在于现有职位的卑微或显赫，关键的一点就在于你是恪守穷思维还是富思维。

哲学家普罗斯特曾说过："真正的发现之旅，不在于寻找世界，

而在于用新视野看世界。"世界瞬息万变，现代人在面对新世纪的挑战时，首先要改变自己的思想观念，与时俱进，不能故步自封、抱残守缺，更不能一成不变、裹足不前。而必须以新思想、新观念、新视野适应新世纪的种种变化。

一本杂志的扉页中有这样一段文字："有了智慧，我们才能得到财富；有了财富，我们才能得到自由。"可见思想观念对人的影响何其重要，现代人要靠领薪水致富，恐怕难如登天，靠思想观念致富则是一条捷径。世界首富比尔·盖茨就是一个靠脑袋致富的典型例子，他拥有比别人先进的观念，将许多别人想不到的想法和创意化为电脑软件程式，在电脑资讯界独领风骚，赚进亿万财富。

点亮人生

有些人想挣钱，但是他们使自己的思维处在封闭状态。因此，他们不可能处于一种富有的环境中。

很多时候，使我们陷入贫穷的正是思想上的贫穷。

很少有人能够认识到形成成功思想的可能性，事实上，任何东西都是首先创造于头脑，随后才是实物。如果我们的思考能力更强些，我们就会是更好的物质劳动者。

用坚持把信念变钻石

天下难事，必作于易；天下大事，必作于细

——老子

智慧悟语

在武侠电视剧中，我们常常会看到这样的情形：很多人都有自己独特的招数，而这个招数是别人无法与之匹敌的，例如郭靖的绝招是"降龙十八掌"，梅超风的绝招是"九阴白骨爪"，令狐冲的绝招是"独孤九剑"，张三丰的绝招是"太极拳"等。当这些人拿出自己的看家本领时，别人都会倒吸一口冷气，吓出一身冷汗，想不出拿什么来迎战。自己既不会"凌波微步"，又没有"葵花点穴手"，怎能战胜别人？其实没有独到的功夫照样可以制胜。

生活中，我们常听人这样说："做好人并不难，难的是一辈子都做好人。"做一件简单的事情并不难，难的是每一件简单的事都做得非常好。

点亮人生

苏格拉底对学生们说："今天咱们只学一件最简单也是最容易的事，每人把胳膊尽量往前甩，然后再尽量往后甩。"说着，苏格拉底示范了一遍。"从今天开始，每天做 300 下。大家能做到吗？"学生们都笑了。这么简单的事，有什么做不到的？过了一个月，苏格拉底问学生们："每天甩手 300 下，哪些同学在坚持做？"有 90%的学生骄傲地举起了手。又过了一个月，苏格拉底又问，这回，坚持下来的学生只剩下八成。一年过后，苏格拉底再一次问大家："请告诉我，最简单的甩手运动，还有哪几位学生坚持了？"这时，整个教室里，只有一学生举起了手。这个学生就是后来成为另一位大哲学家的柏拉图。

"能够把每一件简单的事情做好就是最大的不简单。"一个人做事没有耐心，没有恒心是很难成功的。因为任何一件事的成功都不是偶然的，它需要你耐心地等待。同样，一个人做事不坚持，他就很难成功，因为他在成功到来之前已经放弃了。一个人的毅力决定了他在面对困难、失败、挫折、打击时，是倒下去还是屹立不倒。对于企业来讲也是如此，一个企业不能单单靠着"一时的冲劲"，长期坚持才能做好。有些饭店在开张的时候能得到不少的顾客的认同，但等到有了起色，他们就开始懈怠了，不仅

感悟人生 一句话点亮人生

饭没有以前好吃，服务也日渐不如从前，原有的顾客群对其失去信心不再光顾，于是，饭店经营惨淡，之后做了不少事情弥补也很难见效。所以，要成功，就要有坚持做一件事情的毅力。

做一件简单的事情并不难，但能够把每一件简单的事情都做好并非易事，要有恒心、有毅力持之以恒，还要有自己的原则和底线，才能够坚持自我。唯其如此，才能够把简单的事情变得意义非凡，才能将简单的招数练成自己的绝招！

千万人的失败，都失败在做事不彻底

——莎士比亚

智慧悟语

很多时候，成功并没有想象中的那么遥远。大戏剧家莎士比亚说："千万人的失败，都失败在做事不彻底；往往做到离成功还差一步，便终止不做了。"这样的失败，无疑很令人扼腕。其实，

感悟人生　一句话点亮人生

我们与成功只有一步之遥，这一步便是坚持不懈、锲而不舍。

坚持，一个再简单不过的词汇，但也是一个鲜有人达到的标准。在冯友兰先生看来："我们在一生中，想做的事不一定都能成功，而尤其是新兴的事业，那更没有把握了……所以我们无论做什么事，遇到失败，千万不要灰心，仍然要继续做下去。"他也正是秉持着这份坚持，才收获了在哲学领域的成就。

点亮人生

他5岁时就失去了父亲，14岁时从格林伍德学校辍学开始了流浪生涯。他在农场干过杂活，干得很不开心；他当过电车售票员，也很不开心；16岁时他谎报年龄参了军，但军旅生活也不顺心；服役期满后，他去阿拉巴马州开了个铁匠铺，但不久就倒闭了；随后他在南方铁路公司当上了机车司炉工。不料，在得知太太怀孕的同一天，他又被解雇了。接着有一天，当他在外面忙着找工作时，太太卖掉了他们所有的财产，逃回了娘家。随后经济大萧条开始了。但他没有因为老是失败而放弃，而是一直非常努力。

他曾通过函授学习法律，后来因生计所迫放弃；他卖过保险，也卖过轮胎；他经营过一条渡船，还开过一家加油站。但这些都失败了。有人说，认命吧，你永远也成功不了。

后来，他成了考宾一家餐馆的主厨和洗瓶师，要不是那条新的公路刚好穿过那家餐馆，他会在那里取得一些成就。接着他就到了退休的年龄。他并不是第一个，也不会是最后一个到了晚年还无以为荣的人。成功之鸟，总是在不可企及的地方向他拍打着翅膀。

要不是有一天邮递员给他送来了他的第一份社会保险支票，他还不会意识到自己已经老了。政府很同情他。政府说，轮到你击球时你都没打中，不用再打了，该是放弃、退休的时候了。

那时，他身上的一种东西愤怒了，觉醒了，爆发了。

他收下了那105美元的支票，并用它开创了新的事业。而今，他的事业欣欣向荣。而他，也终于在88岁高龄大获成功。这个充满毅力，到了该结束时才开始的人就是哈伦德·山德士，肯德基的创始人。他用他的第一笔社会保险金创办的崭新事业正是肯德基。

山德士正是凭借不懈的追求，才换来了成功的人生。其实，胜利者往往是能比别人多坚持哪怕只有一分钟的人。即使精力已经耗尽，能用最后残存的一点点能量支撑下来的人就是最后的成功者。

唯坚韧者始能遂其志

——富兰克林

智慧悟语

这个世界上，有一种人，寂寂无声，但却恒心不变，只是默默辛劳地努力着，坚持到底，从不轻言放弃。事业如此，德业亦如是。

也许，我们每个人的心里都有一个执着的愿望，只是一不小心把它丢失在了时间的蹉跎里，让天下间最容易的事变成了最难的事。然而，天下事最难的不过十分之一，能做成的有十分之九。要想成就大事的人，尤其要用恒心来成就它，要以坚忍不拔的毅力、百折不挠的精神、排除纷繁复杂的耐性、坚贞不变的气质，作为涵养恒心的要素，去实现人生的目标。

点亮人生

一位青年问著名的小提琴家格拉迪尼："你用了多长时间学琴？"格拉迪尼回答："20 年，每天 12 小时。"

我们与大千世界相比，或许微不足道，不为人知。但是我们能够耐心地增长自己的学识和能力，当我们成熟的那一刻、一展所能的那一刻，将会有惊人的成就。

正如布尔沃所说："恒心与忍耐力是征服者的灵魂，它是人类反抗命运、个人反抗世界、灵魂反抗物质的最有力支持，它也是福音书的精髓。从社会的角度看，考虑到它对种族问题和社会制度的影响，其重要性无论怎样强调也不为过。"

凡事没有耐性，不能持之以恒，正是很多人最后失败的原因。英国诗人布朗宁写道：

实事求是的人要找一件小事做，

找到事情就去做。

空腹高心的人要找一件大事做，

没有找到则身已故。

实事求是的人做了一件又一件，

不久就做一百件。

空腹高心的人一下要做百万件，

结果一件也未实现。

拥有耐力和恒心，虽然不一定能使我们事事成功，但却绝不会令我们事事失败。一个富翁拥有恒久的财富秘诀之一，便是保持足够的耐心，坚定发财的意志，所以他才有能力建设自己的家园。任何成就都来源于持久不懈的努力。星云大师告诉世人，把人生看作一场持久的马拉松。整个过程虽然很漫长、很劳累，但在挥洒汗水的时候，我们已经慢慢接近成功的终点。半路放弃，我们就必须要找到新的开始，那样我们会更加迷失，可是如果能继续坚持下去，终点是不会弃我们而去的。

第八篇

揭开财富的面纱

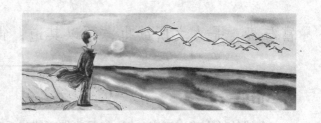

心中的财富是真财富

富与贵，是人之所欲也，不以其道，得之不处也

——《论语》

智慧悟语

金钱的魅力确实不容忽视，但是我们不能只看到孔子说的"富与贵，是人之所欲也"这句话，而忽略后面的部分。他还说如果不是通过正当的手段得来的财富与地位，那宁愿不要。这和孔子所说的"不义而富贵，于我如浮云"是一个道理。与富贵相反的是贫贱，没有人喜欢贫贱，就算是一个很有仁义修养的人也不喜欢贫贱，当然这并不是说他不能安贫乐道。富与贵，每个人都喜欢，都希望有富贵功名，有前途，做事得意，有好的职位，但如果不是正规得来的则不要。相反地，贫与贱，是人人讨厌的，即使一个有仁道修养的人，对贫贱仍旧是不喜欢的。可是要以得当的方

法上进，慢慢脱离贫贱，而不应该走歪路。

点亮人生

人们经常在"富贵"的诱惑中迷失自我，忘记应坚守的"义"，忘记应持守的"品"，忘记自己独立的精神人格，一步步滑向"不义"的深渊。

正如杜甫诗中所写："丹青不知老将尽，富贵于我如浮云。"曹霸爱绘画竟不知老年将至，看待富贵荣华有如浮云一样淡薄。幸福与富贵无关，不生病，不缺钱，做自己爱做的事，就是生活的幸福。

美国曾在1980年通过了《新难民法案》，使得居住在纽约水牛城收容所的500名难民成为美国的合法公民。这些人大多是来自贫困国家的偷渡者，希望来美国实现自己的幸福梦。

新法案颁布25周年时，这些新法案的受益者们搞了一次集会，他们承认自从成了美国公民以后，生活有了空前改善，但是，幸福的梦想远远没有实现。

一位社会学教授闻知此事，便展开了调查。首先他对那批难民的身份进行了一次全面的核实，发现这500人有一些共同点，即贫穷艰苦的经历和对金钱强烈的渴望。这批偷渡者由于都有着强烈的发财梦，来美国后，经过二十余年拼搏，有将近一半的人，靠冒险和吃苦的精神达到了美国中产阶级的水平。

那么，为什么他们没有找到梦寐以求的幸福呢？

为了找出根源，教授对他们一一进行调查。下面是他对其中的 3 位所做的调查记录。

某水产商，初来美国时，在迈阿密的水产一条街做黄鱼生意，其产业已由原来的一间店铺，发展为连锁店。20 年来，他为挤垮竞争对手，未休息过一天，更未外出度过一天假。

某房产开发商，1995 年之前，在 12 个市镇拥有房产开发权，

感悟人生 🌸 一句话点亮人生

因逃税被判一年六个月监禁，并被剥夺开发权，罚款 7 300 万美元，现从事涂料进出口业务。

某中介商，来美国后一直从事海地、多米尼加、波多黎各等国的劳务输出工作，通过他，其家族 60% 的人在美国打工或暂住，现和他一起居住的亲属有十几人。

教授的调查报告历数了每个人的生活状态，这份报告被交到美国国务院之后，迅速被移交到移民部。没过多久，原纽约水牛城收容所的 500 名难民每人收到一个小册子，小册子的封面上写着：一个穷人成为富人之后，如果不及时修正贫穷时所养成的贪婪，就别指望能跨入幸福的境界。

2005 年的某天，美国《加勒比海报》报道，有一位来自加勒比海地区的富翁卖掉公司，打算去过简朴的生活。第二天，教授收到美国移民局的一封信：这批难民中已有一人找到了富裕后的幸福。

物物而不物于物

——庄子

智慧悟语

"物物而不物于物"，利用物而不受制于物，那么怎么可能会受牵累呢？因此，做人要保持一颗平静的心，学会"物来而应，过去不留"，做物质的主人，而不要受制于物、成为物质的奴隶。

那么，如何面对这些物质呢？怎样克制自己的欲望不膨胀呢？佛家的观点是"从'不要'当中去拥有更宽广的精神境界"。庄子在《庄子》中也有这样的观点，他写道："至人之用心若镜，不将不迎，应而不藏，故能胜物而不伤。"即来去随缘，而不是执着地求取，贪念丛生。

点亮人生

一次，一位教授上课前手里拿着一只盛着牛奶的杯子。他举起杯子，让所有的学生都看到，然后对着学生问道："你们猜猜看，这只杯子的重量是多少？"

"50 克""100 克""125 克"……学生们争先恐后地回答。这

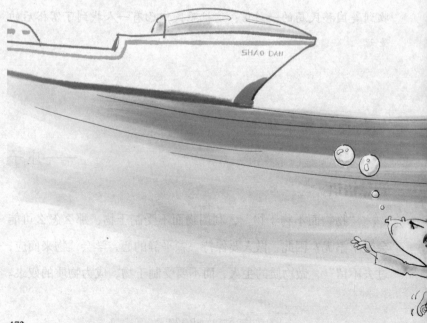

时，教授说："现在，我的问题是：如果我把它像这样举几分钟，会发生什么事情呢？"

"什么事情都不会发生。"学生们异口同声地回答。

"好吧。那么，举一个小时会发生什么事情呢？"教授继续问道。

"你的手臂会疼痛起来。"其中一个学生回答。

"你说得对。如果我把它举一天会怎么样呢？"教授微笑地看着各位学生。

"你的手臂会变得麻木，肌肉会严重拉伤和麻痹，最后你肯定得去医院。"另一个学生冒失地说。听到这俏皮的语言，所有的学生都笑了。

"很好。不过，在这期间水杯的重量发生改变了吗？"教授严肃起来，问道。

"没有呀。"大家一起回答。

"那么是什么使手臂疼痛、肌肉拉伤的呢？"教授停顿了一下又问道，"在我手臂开始疼痛之前，我应该做点儿什么呢？"

学生们迷惑了。

"把杯子放在桌子上呀！"有个学生说。

"对，"教授说道，"其实，生活中的问题有时就像我手里的这杯牛奶。我们埋在心里几分钟没有关系，如果长时间地想着它不放，它就可能侵蚀你的心力、思想和灵魂，最终让你变成它的奴隶。那时你就什么事也干不了了，只能做它的奴隶，完全听从于它的安排。

"生活中的问题固然要重视它，不能忽视，但不能总惦记着它。不然，不知不觉间它会把你压垮，等到被压垮的那一天你后悔也晚了。

"同学们，拿起杯子的时候，我们是想要这杯牛奶，但是我们如果老是拿在手上，不肯放开，那我们就只能受制于它，成为它的奴隶。世间的其他物质也一样，不要总是惦记着，在追求物质、追求财富的过程中，一定要懂得适度，懂得放松，千万不要成为物质的奴隶。"教授总结性的发言，引起学生们的阵阵掌声，大家从这一堂生动的课中领悟到了许多。

物质是人生所需要的，有的人为了不断追求物质财富，最后一辈子劳心劳力，省吃俭用，到头来都没有多长时间停下来好好去享受自己的劳动成果。要知道物质够用就好，不要为了积聚物质而为物质所用、所制。例如，有的人有了十万想要一百万，有了百万又想要千万；有了两室一厅想要四室两厅，有了四室两厅又想要小别墅，一生都不停止，追求物质的欲望之心越来越膨胀，让自己一直都为物质而忙个不停。

现代社会，在某种程度上"物欲横流"这个词成为流行。物质崇拜或物质信仰，确实让一些人迷失了方向。对于物质，有些人真的是心甘情愿做它的奴隶，觉得人生没有物质生活难以继续下去，因此那些人做了衣、食、住、行等物质的奴隶。

从前，有一个富翁背着许多金银财宝，到远处去寻找快乐。他不停地走着，当他走过了千山万水的时候，却发现自己始终未能寻找到自己想要的快乐，于是他沮丧地坐在山道旁。这时一农夫背着一大捆柴草从山上走下来，富翁看到后说："我是个令人羡慕的富翁。请问，为何我没有快乐呢？"

农夫放下沉甸甸的柴草，舒心地揩着汗水："快乐很简单，把你的物质、财富放下，成为它们的主人，而不是为它们所牵制，成为它们可怜的奴隶，这样你就会快乐！"听完农夫的话后富翁顿时开悟：是啊！自己背负着那么重的珠宝，老怕别人抢，对于自己的家产、地产，自己整天忧心忡忡，怕被别人暗算。那么，整天这样担心，像一个奴隶一样守护着这些物质，怎么会有快乐呢？于是，富翁将珠宝、钱财、土地、房子等用来接济穷人，专做善事，慈悲为怀。善行滋润了他的心灵，他也慢慢尝到了快乐的滋味。

对于这个富翁来说，不做物质的奴隶就是快乐的，但是让人们真的舍弃对物质的追求是一件很难的事情。很多人对物质充满了高度的依赖，也一直以追求物质为最高的人生理想，最美好的人生享受。虽然我们早已走出奴隶社会，但是有时候，我们的精神却受着另外一种奴役，那就是物质没有被当作物质，人反而成为物质的奴隶，成为物质的工具，这确实是一个莫大的讽刺。

欲淡则心虚，心虚则气清，气清则理明

——薛宣

智慧悟语

在这个世界上，月有阴晴圆缺，人有悲欢离合、喜怒哀乐，在乎的只是一种心境。有人日挥万金，有人乞讨街头，有人占厦万间，有人追逐名利，有人悲喜从容，不同的人有不同的人生，你的人生只是听从于你的内心。

如果你偏要追逐那些虚妄的名利，那么你就只能得到关于名利的一切担忧、纷扰、喧嚣、倾轧等；而如果在你的心中、在你的世界里没有过重地看待"名利"这个概念，以一种淡定从容的态度来对待名利，那么你也就得到了淡看名利的快乐、豁达，得到了人生的真谛。

点亮人生

惠子在梁国做了宰相，庄子想去见见这位好友。有人急忙报

告惠子："庄子来是想取代您的相位吧。"惠子很恐慌，想阻止庄子，派人在城里搜了三日三夜。不料庄子从容而来拜见他道："南方有只鸟，其名为凤凰，您可听说过？这凤凰展翅而起，从南海飞向北海，非梧桐不栖，非练实不食，非醴泉不饮。这时，有只猫头鹰正津津有味地吃着一只腐烂的老鼠，恰好凤凰从头顶飞过。猫头鹰急忙护住腐鼠，并发出声音吓唬凤凰。"惠子不解，询问庄子所讲故事寓意。庄子反问道："现在您也想用您的梁国宰相之位来吓唬我吗？"惠子十分羞愧。

一天，庄子正在濮水垂钓。楚王委派两位使者前来聘请他，使者说："吾王久闻先生贤名，欲以国事相累。"庄子持竿不顾，淡然说道："我听说楚国有只神龟，被杀死时已三千岁了。楚王以竹箱珍藏之，覆之以锦缎，供奉在庙堂之上。请问二位，此龟是宁愿死后留骨而贵，还是宁愿生时在泥水中潜行摇尾呢？"两位大夫道："自然愿活着在泥水中摇尾而行了。"庄子说："两位大夫请回去吧！我也愿在泥水中摇尾而行哩。"

在庄子的世界里，根本就没有想要做"丞相"的想法，也没有任何名利的概念，而他的好友惠子则完全相反，心中充满了对丞相一职、对名利的贪恋、担忧和欲望。庄子不慕名利，不恋权势，为自由而活，可谓洞悉人生真谛的达人。

淡泊名利是一种境界，追逐名利是一种贪欲。放眼古今中外，真正淡泊名利的人很少，追逐名利的很多。如今的社会是五彩斑斓的大千世界，充溢着各种各样炫人耳目的名利诱惑，要做到淡泊名利确实是一件不容易的事情。

人活在世界上，无论贫穷富贵，穷达逆顺，都免不了与名利打交道。《清代皇帝秘史》记述乾隆皇帝下江南时，来到江苏镇江的金山寺，看到山脚下大江东去，百舸争流，不禁兴致大发，随口问一个老和尚："你在这里住了几十年，可知道每天来来往往多少艘船？"老和尚回答说："我只看到两艘船。一艘为名，一艘为利。"

旷世巨作《飘》的作者玛格丽特·米切尔说过："直到你失去了名誉以后，你才会知道这玩意儿有多累赘，才会知道真正的自由是什么。"盛名之下，是一颗活得很累的心，因为它只是在为别人而活。我们常羡慕那些名人的风光，可我们是否了解他们的苦衷？其实大家都一样，希望能活出自我，能活出自我的人生才更有意义。

金钱是人类所有发明中近似恶魔的一种发明

——马卡连柯

智慧悟语

钱，到底有什么魔力？为什么人们常说："钱不是万能的，但没有钱是万万不能的。"得到了金钱，就等于拥有幸福了吗？

在美国人安比尔斯编撰的《魔鬼辞典》中对金钱的诠释是："金钱是一种祝福，不过只有在离开它之后我们才能受益。金钱是有文化修养的标志，也是进入上流社会的通行证。"把实用主义奉为圭臬的美国微软公司对财富与金钱有着特殊的喜好，他们认为财富是上帝赐予的礼物。洛克菲勒说："这是我心爱的独生子，我非常喜欢他。"另一位美国大亨摩根则说："这是对辛劳与美德的奖赏。"人生在世，如何对待金钱，才能让我们赢取幸福和快乐呢?

点亮人生

伟大的戏剧家莎士比亚写过一部著名的悲剧《雅典的泰门》:雅典富有的贵族泰门慷慨好施,在他的周围聚集了一些阿谀奉承的"朋友",无论穷人还是达官贵族都愿意成为他的随从和食客,以骗取他的钱财。泰门很快家产荡尽,负债累累。那些受惠于他的"朋友们"马上与他断绝了来往,债主们却无情地逼他还债。泰门发现同胞们的忘恩负义和贪婪后,变成了一个愤世者。

他宣布再举行一次宴会,请来了过去的常客和社会名流。这些人误以为泰门原来是装穷来考验他们的忠诚,便蜂拥而至,虚情假意地向泰门表白自己。泰门揭开盖子,将盘子里的热水泼向客人的脸上和身上,把他们痛骂了一顿。从此,泰门离开了他再也不能忍受的城市,躲进荒凉的洞穴,以树根充饥,过起野兽

感悟人生 ❀ 一句话点亮人生

般的生活。有一天他在挖树根时发现了一堆金子，他把金子发给过路的穷人、妓女和窃贼。在他看来，虚伪的"朋友"比窃贼更坏，他恶毒地诅咒人类和黄金，最后在绝望中孤独地死去。

在这部悲剧中，莎士比亚借泰门之口大发感慨：金子！黄黄的、发光的、宝贵的金子！

这东西，只这一点点，就可以使黑的变成白的，丑的变成美的；错的变成对的，卑贱变成尊贵；老人变成少年，懦夫变成勇士。呵，你是可爱的凶手，帝王逃不过你的掌握，亲生的父子会被你离间！你是灿烂的奸夫，淫污了纯洁的婚床……

有这样一个故事：

一天，一个拥有无数钱财的吝啬鬼去寺庙乞求祝福。

住持让他站在窗前，让他看外面的街上，问他看到了什么，他说："人们。"

住持又把一面镜子放在他面前，问他看到了什么，他说："我自己。"

住持解释说，窗户和镜子都是玻璃做的，但镜子上镀了一层银子。单纯的玻璃让我们能看到别人，而镀上银子的玻璃却只能让我们看到自己。

由此，金钱的危险性一览无余。金钱的魅力可以转移人的视线、灵魂。

说白了，钱就是货币，是一种充当一般等价物的特殊商品，它可以作为价值尺度、流通手段、储蓄手段、支付手段和世界货币等发挥作用，它可以用来购买其他商品。

正如哲学家史威夫特所说："金钱就是自由，但是大量的财富却是桎梏。"如果我们把金钱当作上帝，它便会像魔鬼一样折磨身心。

君子爱财，取之有道

——《增广贤文》

智慧悟语

取有道之财，合法之才，人们方能光明磊落、坦坦荡荡、心地无私地活着。什么是合法？什么是非法呢？就是一般人认为辛勤劳动得来的财物，便是合法的，其他途径获得巨额钱财的就是非法的。

一个正直的人不会吝啬接受财富，但对不合法之财却从不沾惹。因为不合法之财会让自己受到欲望的牵制，最后受到精神和良心的折磨，落得一生不得自由的悲惨下场。这就像人说了一句谎话，说的时候不觉得，但说完后需要更多的谎话去填补这个窟窿，长此以往，让人苦不堪言。

用不正当的方法得到的财物，就不能接受；虽然说贫穷是人人所不希望的，但是如果不能用正当方法摆脱时，那就要安贫乐道。孔子关于义、利的看法即是君子得财要正当，如果一个君子扔掉了仁爱之心，那怎么能成就君子的名声？君子就应该时时刻刻都不离开仁道，在紧急的时候不离开，在颠沛的时候也不离开，这样才是一个真正的君子。

点亮人生

君子爱财，取之有道。这里的"道"讲的是规则，讲的是合法、有义之道。如果人一旦取了不义、不合法之财，那么他的行为无疑和封建官府勒索、与盗贼抢劫无异。这样的财，来得快去得也快。人们要想高枕无忧，夜里安然入睡，那么钱就得用自己的。聚敛钱财要讲究一定的方法，但是不能做违背良心和伤天害理的事情。

不义而富且贵，于我如浮云

——孔子

智慧悟语

人们在生活中应该如何看待和求取利益、财富呢？人们对待利益、财富的具体原则是什么？孔子如是说，吃粗粮喝凉水，睡觉时弯着胳膊当枕头，这里边也是有乐趣的。人们用不正当的方法得到的富足和尊贵，在我看来就如同是浮云一般。人们从孔子的话中不难找到问题的答案，即需合于"义"与"仁道"。如果人们不是由此而获财富，那么将被看作是不义之财，那么我们应该把这些财富当作是过眼烟云一般。孔子的话也同时表明了清贫生涯甘之如饴、安贫乐道的生活态度与襟怀。

孔子的思想与孟子"富贵不能淫，贫贱不能移，威武不能屈"的意志，都给了追求理想的人们以巨大的鼓舞。现在人们追求理想境界而蔑视荣华富贵的都是参照"富贵于我如浮云"的这种宣言。生活中有的人蔑视荣华富贵，不是因为他们本能地厌恶舒适生活，而是他们不肯用牺牲理想和人格的代价去换取某种舒适的生活，这种人是值得人们去学习的。

现在的人们都开始主张安贫乐道的思想，当然，这并非代表鄙视财富。就连孔子也从未排斥过财富，可见，财富的本身并没有错，错的是人们追求财富的那颗心。当然，孔子也肯定追求财富是人的天性，他曾说过："富与贵，人之所欲也。"但他同时强调获取财富的正义性："不义而富且贵，于我如浮云。"所以说，人们需要把财富一分为二地看待，只有摆正心态，让财富为我们所用，才能为自己创造美好的未来生活。

点亮人生

现实生活中常常有一些自认为很聪明的人，他们觉得不拿白不拿，不吃白不吃。于是社会上就充斥了这样的一种现象，人际关系一次用完，做生意一次赚足，然后就再也没有来往。理由很简单，他们选择了那张表面上看起来是大份额的钞票，也把这种关系一次耗尽，自然就没有下次了。正是这种贪婪地索取，使得他周围的人渐渐地疏远了他。虽然说人们可以追求财富，但千万不要沉迷其中，要学会控制自己的贪婪，不过分计较得失的多少，才会在自己的生活中畅游无阻。

李勉从小喜欢读书，并且注意按照书上的要求去做。时间长了，就成了习惯，培养出了诚信儒雅的君子风度。

他虽然家境贫寒，但是从不贪取不义之财。

有一次，他出外学习，住在一家旅馆里。正好遇到一个准备进京赶考的书生，也住在那里。俩人一见如故，于是经常在一起谈论古今，讨论学问，成了好朋友。

有一天，这位书生突然生病，卧床不起。李勉连忙为他请来郎中，并且按照郎中的吩咐帮他煎药，照看着他按时服药。一连好多天，李勉都细心照顾着病人的起居饮食等日常生活。可是，那位书生的病不但没有好转，反而一天天地恶化下去了。看着日渐虚弱的朋友，李勉非常着急，经常到附近的百姓家里寻找民间药方，并且常常一个人跑到山上去挖药店里买不到的草药。

一天傍晚，李勉挖药回来，看见书生气色似乎好了一些。他心中一阵欢喜，关切地凑到床前问："哥哥，感觉可好一些？"

书生说："我想，我剩下的时间不多了，这可能是回光返照，临终前兄弟还有一事相求。"

李勉连忙安慰道："哥哥别胡思乱想，今天你的气色不是好多了吗？只要静心休养，不久就会好的。哥哥不必客气，有事请讲。"

书生说："把我床下的小木箱拿出来，帮我打开。"

李勉按照吩咐做了。

书生指着里面一个包袱说："这些日子，多亏你无微不至的照顾。这是一百两银子，本是赶考用的盘缠，现在用不着了。我死后，麻烦你用部分银子替我筹办棺木，将我安葬，其余的都奉送给你，算我的一点心意，你千万要收下，不然的话，兄弟我到九泉之下也不会安宁的。"

李勉为了使书生安心，只好答应收下银子。

第二天清晨，书生真的去世了。李勉遵照他的遗愿，买来棺木，精心为他料理后事。剩下的银子李勉一点也没有动用，而是仔细包好，悄悄地放在棺木下面。

不久，书生的家属接到李勉报丧的书信后赶到客栈。他们移出棺木后，发现了陪葬的银子。了解到银子的来历后，大家都被李勉的诚实守信，不贪财的高尚品行所感动。

李嘉诚认为，财富不能单单用金钱来衡量。一个人只有内心富有，才能真正拥有财富。当人们满足了衣食住行这个条件之后，生活无忧之时就应该对社会多一点关怀，或者说尽一点义务和责任。如果能够对需要帮助的人奉献自己的爱心，那么这就等于贡献你的内心财富。有人说，李嘉诚有两个事业。一个是拼命赚钱的事业，他名下的企业业务遍布全球五十多个国家和地区，雇员人数二十多万名，这些每天都让他日进亿金；而另一个就是不断花钱的事业，他的投入也足以让他成为亚洲有史以来最伟大的公益慈善家。李嘉诚的这种与财富打交道的方式和态度就为人们做了一个很好的榜样。

在现实生活中，有不少人"富"而不"贵"。真正的"富贵"，是作为社会的一分子，以正当的手段，以一颗正义之心去追求财富，这才是真正值得我们学习和敬仰的。

何必曰利？亦有仁义而已矣

——孟子

智慧悟语

纵观人的一生，人们都在围绕着"利"这个圆点，不停地做着圆周运动，追求的东西多了，这个圆就大一些，人也就跑得累一些；追求的东西少了，圆就小一些，自会轻松不少。

难怪有人叹道："天下熙熙，皆为利来；天下攘攘，皆为利往。"他这一叹，有对世人追逐现实名利的无奈，却也说明了人生以"利"为核心的道理。

点亮人生

人类文化思想包含了政治、经济、军事，乃至于人生的艺术、生活等，都是以求某种利为目的。如果不求有利，又何必去学？做学问也是为了求利，读书认字，不外是为了获得生活上的方便或是内心的充实。

孟子来见梁惠王，梁惠王问他："叟，不远千里而来，亦将有以利吾国乎？"意思是老头儿，你能为我们国家谋什么利益吗？

孟子听了之后，没有拍案而起、针锋相对，而是颇有风度、庄重地说："何必曰利？亦有仁义而已矣。"意思是说，大王您何必只图目前的利益？其实只有仁义才是永恒的大利。按照孟子的说法，仁义也是利，道德也是利，这些是广义的、长远的利，是大利。不是狭义的金钱财富的利，也不只是权利的利。

可见，人们追求有用或没用的东西都是利，只不过有大利、小利之别而已。但是正如孟子所言，如果仅仅是为了利而利，终将招来意外横祸。

利必须附着于义之上，方能够长久使得万年船，平安一生。

PART3 真正的富有在于取和分的比例

良田万顷，日食几何？华厦千间，夜眠几尺

——谚语

智慧悟语

石崇生前万般积聚，富可敌国，但是到了最后，死无葬身之地，比起身居陋巷的颜回求法行道，不改其乐，究竟什么是真正的拥有呢？

有人说："赚钱易，用钱难。"

但真正的用钱，并非人们日常生活中购买油盐米醋的货钱交易，而是对于财富的一种深层次探讨：如何才能将手中的钱用得更有意义，更有价值？如果，现在给你五百万元，让你在一天之内把它全部用掉，而且要最大限度地发挥它的价值，将它用得最有意义。你会怎么用？许多人顿时就会乱了手脚，不知该从何

感悟人生　一句话点亮人生

下手。

点亮人生

所谓"拥有，是富者；用有，才是智者。"所谓"拥有"，有是有限，有量；所谓"空无"，无是无穷，无尽。如能以"用有"的胸怀，来应真理；以"用有"的财富，顺应人间；让因缘有、共同有，来取代私有的狭隘；让惜福有、感恩有，来消除占有的偏执，富而加智，岂不善矣。

有一天，老和尚给小沙弥一个全新的木鱼，小沙弥很喜欢，就要求师父说："师父！这木鱼好漂亮，可不可以多给我一个？"

师父说："你要那么多木鱼做什么？"

小沙弥说："我觉得它很好看啊。"

师父："人的心不容易满足，填饱肚子，又想要求山珍美味。

老兄，你的钱匣子漏了！

没事，钥匙在我手上呢！

有了房子，还要求要高楼大厦，有了千金，还要万金，就算有一大片的土地，又能吃多少五谷？有那么大的房子，到了晚上，又能睡多大的地方呢？"

小沙弥："嗯！我懂了！东西够用就好，不能太贪心。"

师父："是的！拥有太多的东西，舍不得用，和没有有什么差别呢？拥有财富而不懂得善用，和无用又有什么不同呢？所以拥有财富只是富贵的人，懂得善用财富的，才是有智慧的人呐！"

拥有财物而不用，和"没有"有什么差别呢？拥有财物而不会用，和"无用"有什么不同呢？河水要流动，才能涓涓不绝；空气要流动，才能生气盎然。吾人之财物既然取之于大众，必也用之于大众，才合乎自然之道。一心想要"拥有"，不如提倡"用有"。像冯谖散财于民，让孟尝君拥有人心，只算是懂得"用有"的初步，更高一层应如爱迪生将发明创造所得的专利用于为众生谋福；松下幸之助将企业所有盈余用于教育文化上，让社会蒙利。这是"用有"，不是"拥有"。

人们之所以看不起那些暴发户，是因为他们往往在突然变得有钱后，并不懂得如何用钱。他们不是用那些钱来实现奢靡的个人享受，就是盲目地跟着别人学习"投资"，让钱白白流了出去，也让他们重新回到原来贫困的生活中去了。

要把所赚到的每一笔钱都花得很有价值，不浪费
一分钱

——比尔·盖茨

智慧悟语

提起全球富有的人，第一念头就是世界软件巨头微软的创始人比尔·盖茨。

因为在意"每一分钱"，盖茨夫妇生活很俭朴，唯一的"豪宅"内陈设相当简单，并不是常人想象的富丽堂皇。但是，在过去几年间，盖茨却把他的大量个人财富捐献给了慈善事业。据统计，盖茨至今已为世界各地的慈善事业捐出近 290 亿美元的财富，成为世界上最慷慨的富人之一。一边是对自己苛刻，一边是对他人慷慨，如此巨大的反差让人疑惑。

"挣钱犹如针挑土，花钱好比水推沙。"即便一个人拥有万贯家财，如果他不懂得节俭，而是大手大脚地花钱，很快，他就会从一个富翁变成一个穷光蛋。

点亮人生

比尔·盖茨的苛刻和慷慨正是在意"每一分钱"的表现，他善待他的每一分钱，努力让它们花得有价值。其实，许多声名显

赫的富豪都有在意"每一分钱"的习惯。

迈克是纽约一家小报的普通记者。一个周末，他在一家不大的酒店里看见几位身份显赫的企业家从一个房间里走出，其中一位是福特，福特手里拿着一张账单走向服务生，微笑道："小伙子，你看看是不是有一点儿误差。"

服务生很自信地回答："没有啊。"

"你再仔细算一算。"福特宴请的几位企业家已朝门口走去，他却很有耐心地站在柜台前。

看着福特认真的样子，服务生不以为然道："是的，因为零钱准备得很少，我多收了您50美分，但我认为像您这样富有的人是不会在意的。"

"恰恰相反，我非常在意。"福特坚决地纠正道。

服务生只得四处拼凑了50美分，递到一脸坦然的福特手中。

看看福特快步离去的背影，年轻的服务生低声嘀咕道："真是小气，连50美分也这么看重。"

"不，小伙子，你说错了。他绝对是一个慷慨的人。"目睹了刚才那一幕情景的迈克，抑制不住站起来道，"他最近向慈善机构一次就捐出5000万美元的善款"。迈克拿出一份两周前的报纸，将上面的一则报道指给服务生看。

服务生不明白如此大方的福特，为何还要当着那么多朋友的面，去讨较那区区的50美分。

"他懂得认真地对待属于自己的每一分钱，懂得取回属于自己的 50 美分和慷慨捐赠出 5000 万美元，是同样值得重视的。"就在福特这一看似不经意的小事中，迈克忽然领悟到了自己渴望已久的成功经验，那就是——没有理由不认真地对待眼前的每一件事，无论它多么重大还是多么微小。

后来，经过多年艰苦的打拼，迈克成为美国报界的名家，而那位服务生也成了芝加哥一家五星级酒店的老板。

一旦富裕就大肆挥霍，这是没有修养的暴发户；但若是在拥有财富后却不为社会做出一点贡献，这又是自私、冷漠的为富不仁者。如何拿捏这个分寸全靠个人修养和内涵。

一个人真正的富裕是奉献回报社会后的精神和道义上的高尚和富足，而非仅仅是物质上的富有。一个富豪真正树立形象体现在通过自身努力奋斗、创造财富，来更好地回报社会。而非在生活和家事上舍得大把花钱，以显得与众人相比有多么高档和不同凡响。

发财致富的目的在于散财

——安德鲁·卡内基

智慧悟语

人，从出生到死亡，不过是"赤条条来去无牵挂"。在生命的过程中，如果只想着做一个守财奴，那么赚再多的钱也没有任

何意义，它只是暂时聚集在你这里的一堆数字，死后不知又成了谁的枷锁。不如舍去，换取世人更多的温暖。那些用了的钱财，才是你自己的。

据说古希腊称霸天下，征服大半个天下的亚历山大大帝死的时候，在棺材两侧各挖一个洞，将手伸出来，表明他是两手空空走向死亡的。

人们在活着的时候对名利和财富牵挂异常，到死都不肯放手，但事实上死后的名利钱财也将不再属于自己。那么活着的时候吝啬物质上的付出又有什么意义呢？在这里并不是告诉人们，在活着的时候不去享受物质，非要把千金散尽，而是告诫人们对待财物的态度要自然一些，不要太吝啬。

金钱和财富虽然美好，常令人们对其趋之若鹜，不遗余力地追求。不过，金钱不是万能的，财富也未必总能令人快乐，只有超越其存在，才能享受人生。真正的金钱观，是要对金钱等物质

感悟人生　一句话点亮人生

上的东西喜于接受，也喜于付出。

点亮人生

吝啬、贪婪的人应该知道喜舍结缘才是发财顺利的原因，因为不播种就不会有收成。布施的人应该在不自苦、不自恼的情形下去做，同时别忘了是在自己力所能及的情况下帮助别人，否则，就不是纯粹的施舍。

有位信徒对默仙禅师说："我的妻子贪婪而且吝啬，对于做好事行善，连一点儿钱财也不舍得，你能到我家里来向我太太说法，行些善事吗？"

默仙禅师是个痛快人，听完信徒的话，非常高兴地答应下来。

当默仙禅师到那位信徒的家里时，信徒的妻子出来迎接，可是却连一杯水都舍不得端出来给禅师喝。于是，禅师握着一个拳头说："夫人，你看我的手天天都是这样，你觉得怎么样呢？"

信徒的夫人说："如果手天天这个样子，这是有毛病，畸形啊！"

默仙禅师说："对，这样子是畸形。"

接着，默仙禅师把手伸展开，并问："假如天天这个样子呢？"

信徒夫人说："这样子也是畸形啊！"

默仙禅师趁机说："不错，这都是畸形，钱只能贪取，不知道布施，是畸形；钱只知道花，不知道储蓄，也是畸形。钱要流

通，要能进能出，要量入而出。"

握着拳头暗示过于吝啬，张开手掌则暗示过于慷慨，信徒的太太在默仙禅师的一个比喻之下，对为人处世、经济观念、用财之道，豁然领悟了。

握着拳头，你只能得到掌中的世界，伸开手掌，你才能得到整个天空。

在现代社会，许多有钱人都乐善好施，对金钱可以慷慨抛掷。他们认为，钱财并不总是给他们快乐，而散财、做慈善事业，反而让他们找回了幸福感。这是一种正确的金钱观和布施方式。

朱利叶斯·罗森沃尔德将经营惨淡的西尔斯·罗巴克公司从破产的边缘挽救回来，现在已将其发展成零售业巨人。如今，他正负责发展和改进乡村代理人体系及四健会（原美国农业部提出的口号，旨在推进对农村青少年的农牧业、家政等现代科学技术的教育）。他的奋斗目标是实现美国乡村地区的繁荣和教育现代化。

对于普通人来讲，虽然没有大笔的财富，但也不必要为了金钱而变得锱铢必较。钱财是为了让自己的日子越过越好，而不是让自己变得越来越提心吊胆，或者终日汲汲而求。在这个世界上，只有被自己用出去的钱财才是自己的，那些被我们牢牢攥在掌心的财富不去被运用，到最后不可能永远为我们所拥有。

金钱，要能接受，也要能喜舍，用去的钱财才是自己的，不用，再多的钱财到最后还不知是谁的。

第九篇

友情是调味品，也是止痛药

冲破孤芳自赏的围墙

嘤其鸣矣，求其友声

——《诗经》

智慧悟语

"伐木丁丁，鸟鸣嘤嘤。出自幽谷，迁于乔木。嘤其鸣矣，求其友声。相彼鸟矣，犹求友声。矧伊人矣，不求友生？神之听之，终和且平。"这是《诗经·小雅》中的一首与交友有关的诗歌，如若把它翻译成白话，便是如此：伐木的斧声丁丁，鸟儿的叫声嘤嘤。它们从深谷出来，迁徙于高树之中。黄莺啼叫，求它的友声。瞧那些鸟呀，都在寻求友声。况且是人呢，难道不寻求朋友？就是让神听了，也会感受到内心的平和吧！

吟咏此诗，难免会受其感染。这首小诗以伐木闻鸟，鸟鸣求友来比喻人们对友情的渴望，声情并茂之处，自然摇人心旌。古人对于求友，非常重视，对于友情的维系，也自有一套章法。

以古人晏子为例，晏子本身不是一个轻易与人结交的人，但是如果他交了一个朋友，就会全始全终。连国学大师南怀瑾先生也对晏子的交友之道心存敬意，因为现代社会里每个人都有朋友，但能够全始全终的却非常少，新朋友不断增加的同时伴随着老朋友的不断流失，正所谓："相识满天下，知心能几人？"

我们常常犯这样的错误：与朋友越是熟悉，就会越是放纵自己的言行，反而对朋友的要求更加苛刻，这种矛盾的心理往往就成为朋友间产生嫌隙的祸根。人们心情不好时，总爱对亲密的人发脾气，而一旦不注意交往的细节，言谈举止过于随便，就常常口不择言，伤害到彼此的感情。然而，晏子却能够对朋友全始全终，这是因为他用"久而敬之"四个字维系着每份友情。

诚心，可以帮人交到真朋友，但是不加维持，真正的朋友也会离开。这时候我们必须认识到一点：与朋友交往时，尤其是当发生矛盾时，首先要在自己身上找原因，而不能强求对方。

点亮人生

古代先贤有言："其身正，不令而行；其身不正，虽令不从。"也就是说要正人，先正己，自己以身作则才能约束他人。就像好的领导是下属的榜样，如果我们希望朋友给自己以尊重和重视，首先自己要用正确的态度维系友情。要求别人做的，自己首先要做到；禁止别人做的，自己坚决不做。又像我们必须去适应不能改变的生活一样，假如你十分珍惜一段友情，而不能要求朋友按照自己的思路行事时，就要调整自己。或许有人会觉得放不下面子，那么不妨读一下下面的故事：

一个烦恼的年轻人找到一位智者倾诉心事，说："我心里有很多放不下的人和事，所以感到苦恼。"

智者让他拿着一个茶杯，然后就往里面倒热水，一直倒到水溢出来。

年轻人被烫到了马上松开了手。

智者说："这个世界上没有什么事是放不下的，痛了，你自然就会放下。"

人生没有什么事是放不下的，更何况一些无关痛痒的琐事。所以，放下那些不断比较着付出与收获的心结，以持久的理解与敬意维系友情，或许会生活得更加愉快。

所谓"久而敬之"，一方面是指友情的长久，表现在生活细节中，就要常与朋友联系，哪怕是一条祝福的短信，或者是一张朴素的明信片，一封简短的电子邮件，都能够为你的友情增添色彩。这时候，不要总是期待对方先来联系自己，因为你无法左右朋友的时间，却能在自己的日程表中为保鲜友情调出档期。

另一方面，久而敬之，光久不敬，也是枉然。许多人常常认为挚友之间无须讲究礼仪，因为好朋友彼此之间熟悉了解，亲密信赖，如亲兄弟，财物不分，有福共享，讲究礼仪拘束便显得亲疏不分，十分见外了。其实，朋友关系的存续是以相互尊重为前提的，容不得半点强求、干涉和控制。彼此之间，情趣相投、脾气对味则合、则交，反之，则离、则绝。

若有人在言语间刺伤了你，你愤而离开，可只是人的离开，心却没有离开，你只是在生气，在情绪上做文章——这是对生命的浪费，而且是很严重的浪费。毕竟，生气也是要花力气的，而且生气一定会伤元气。所以，聪明的你，别让情绪控制了你，当你又要生气之前，不妨轻声地提醒自己一句："别浪费了。"

君子周而不比，小人比而不周

——孔子

智慧悟语

君子与小人的分别在何处呢？周是包罗万象，一个圆满的圆圈，各处都统一。一个君子的为人处世，就应该对每一个人都是一样的；经常将别人与自己作比较，看他顺眼就对他好，不顺眼就反感他，就是"比"。想要人完全跟自己一样，就容易流于偏私。比而不周，只做到跟自己要好的人做朋友，什么事都以"我"为中心、为标准，不是真正的君子所为。

现代社会，交友当然得精挑细选注意质量，但是不得不说，一般朋友和一些多样的人际关系也是很重要的资源，我们不应该以艺废人，而应该去用心培植。

君子周而不比，我们应该平等地宽容对待每个人。俗话说"黑白通吃"，其实这就是本事。各路诸侯一齐来，我都能容得下你，这才是君子所为。

点亮人生

查尔斯·华特尔，任职于纽约市一家大银行，奉命写一篇有关某公司的机密报告。他知道某个人拥有他非常需要的资料。于是，华特尔先生去见那个人，他是一家大工业公司的董事长。当华特尔先生被迎进董事长的办公室时，一个年轻的妇人从门边探出头来，告诉董事长，她这天没有什么邮票可给他。"我在为我那12岁的儿子搜集邮票。"董事长对华特尔解释说。

华特尔先生说明他的来意，开始提出问题。董事长的说法含糊、概括、模棱两可。他不想把心里的话说出来，无论怎样好言相劝都没有效果。这次见面的时间很短，没有实际效果。"坦白说，我当时不知道怎么办，"华特尔先生说，"接着，我想起他的秘书对他说的话——邮票，12岁的儿子……我也想起我们银行的国外部门搜集邮票的事——从来自世界各地的信件上取下来的邮票。"

第二天早上，我再去找他，传话进去，我有一些邮票要送给他的孩子。结果，他满脸带着笑意，客气得很。"我的乔治将会喜欢这些，"他不停地说，一面抚弄着那些邮票，"瞧这张！这是一张无价之宝"。他们花了一个小时谈论邮票，瞧董事长儿子的照片，然后他又花了一个多小时，把华特尔先生所想要知道的资料全都告诉他——他甚至都没提议他那么做。董事长把他所知道的全都告诉了华特尔先生，然后叫他的下属进来，问他们一些问题。他还打电话给他的一些同行，把一些事实、数字、报告和信件，也全部告诉了华特尔先生。

用很短的时间，查尔斯·华特尔巧妙地解决了他的问题，更重要的是，他因此而成功地打造了一张关系网，这必将会成为他重要的人际关系。如果我们设想华特尔是个"比而不周"的小人的话，那他就可能抱怨董事长的缺点，也不会有后来的精彩了。

有句谚语说得好，每个人距总统只有六个人的距离。你认识一些人，他们又认识一些人，而他们又认识另外的一些人……这种连锁反应一直延续到总统的椭圆形办公室。而且，如果你仅仅距总统六个人的距离，那么你距你想会见的任何人也就只有六个人的距离，不管他是一家公司的总经理，还是你想让其加入你的团队来支持你的名人。

但是，每个人之间也可以有无限的距离，即使是他站在你的面前。因为你不能容忍别人的缺点，看到别人的一点瑕疵，就否定掉了整个人。这样的话，任何人都不会跟你成为要好的朋友。幻想所有的人都跟自己一样，或者幻想所有的人都那么完美，只能是一厢情愿的想象，只能由于太过苛刻而流于偏私。

世间最美好的东西，莫过于有几个有头脑和心地都很正直的、严正的朋友

——爱因斯坦

智慧悟语

朋友是你的另一个生命。当你和他们在一起时，一切都会变得顺遂。每天都赢得一个朋友，就算他不能成为你倾吐衷肠的密友，至少也可以成为你的支持者。

感悟人生　一句话点亮人生

友谊是慷慨和荣誉的最贤惠的母亲，是感激和仁慈的姐妹，是憎恨和贪婪的死敌，它时刻都准备舍己为人。诚挚的朋友必将成为你人生的后盾，在你高兴时与你分享快乐，在你悲伤时与你分担痛苦，在你得意时衷心地祝福你，在你失意时伸出援手。有人这样感叹：人生得一知己足矣！友谊的珍贵令许多智士为之感慨。

点亮人生

　　歌德与席勒是德国文学史上的两颗巨星，又是一对良师益友。虽然歌德和席勒年龄差十几岁，两个人的身世和境遇也截然不同，但共同的志向让两人的友谊长青。他们相识后，合作出版了文艺刊物《霍伦》，共同出版过讽刺诗集《克赛尼恩》。席勒不断鼓舞歌德的写作热情，歌德深情地对他说："你使我作为诗人而复活了。"

　　在席勒的鼓舞下，歌德一气呵成，写出了叙事长诗《赫尔曼和窦绿苔》，完成了名著《浮士德》第一部。这时，席勒也完成

了他最后一部名著《威廉·退尔》。席勒死时，歌德说："如今我失去了朋友，我的存在也丧失了一半。"27年后，歌德与世长辞，他的遗体和席勒葬在一起。

人们为了纪念歌德和席勒以及追念他俩之间的友谊，树立了一座两位伟人并肩而立的铜像。这座铜像见证着他们的友谊，也告诉人们：人与人相互依靠、相互扶助时，所拥有的力量将突破时空的界限。

在友谊面前，许多事物都会失色，拥有友谊的人，生活即使过得再苦，也能够得到快乐。

很久以前，在异乡漂泊的风雨中，两个有着相同经历的穷人相遇了。他们朝夕相处，情同手足，相扶相持。有一天，为了各自的梦想，他们不得不分道扬镳了。

一个穷人对另一个穷人说："如果现在我有钱，我最想给你买件礼物留作纪念。"另一个穷人也无限感慨地说："或是我们有一件随身物品相互交换也好，那么，我们便可以时时刻刻感觉到对方的存在。"

可他们什么也没有。然而，就在那个秋意渐浓的午后，他们终于交换了一件礼物，各自心无遗憾地上路了，他们交换了彼此的名字。

真正友情的动人之处不在于它的中间掺杂了多少利益，而在于它所显现的真挚和诚恳会安抚人们烦躁的心灵，净化人们的灵魂。正所谓君子之交淡如水，沐浴在君子友谊当中的人，能够突

感悟人生 ❀ 一句话点亮人生

破虚伪与沉湎，变得更加理智和深沉。

音乐大师舒伯特年轻时十分穷困，但贫穷并没有将他对音乐的热忱减少一丝一毫。为了去听贝多芬的交响乐，他竟然不惜卖掉自己仅有的大衣，这份狂热令所有的朋友为之动容。

一天，油画家马勒去看他，见他正为买不起作曲的乐谱而忧心忡忡，便不声不响地坐下，从包里拿出刚买的画纸，为他画了一天的乐谱线。

当马勒成为著名画家的时候，弟子问他："您一生中对自己的哪幅画最满意？"马勒不假思索地答道："为舒伯特画的乐谱线。"

真正的友情并不依靠事业、祸福和身份，不依靠经历、地位和处境，它在本性上拒绝功利、拒绝归属、拒绝契约，它是独立人格之间的互相呼应和确认。所谓朋友，就是互相使对方活得更加温暖、更加自信、更加舒适的人。没有朋友，你只能与寂寞、孤独和失败为伍，相信人人都不想如此。

一个人在社会上的地位或在社会上所取得的信用资望，与朋友很有关系

——梁漱溟

智慧悟语

有个旅行家在途中看见了一朵绝美的花，把它拍摄下来登

在了杂志上。不久，很多人都慕名前来观看。花还是原来那朵花，依然非常美丽，只不过比之前那朵在野草丛中孤单的花更为耀眼了。

人也是如此，只是单独的个人纵然才华盖世，没有朋友的赏识也是很渺小的。梁漱溟先生认为，自己的身上虽然有着一种颜色，但是朋友能让自己的颜色更为显著。"自己交什么朋友，就归到那一类去，被社会看为某一类的人。"朋友若是高尚之人，别人也会把自己归入这个群体中；而自己若在某一方面有才华，朋友就是那些帮助自己发挥才华的人。

点亮人生

晋朝太康年间有个"洛阳纸贵"的故事，起因是一个名为左思的文学家写了篇《三都赋》。

左思这篇赋写了整整十年，吸收了班固的《两都赋》和张衡的《两京赋》，汲取它们的优点，同时又努力避免其华而不实的弊病。但是写成之后，因左思只是个无名之辈，所以文坛上的很多人都没有细看就一通批评。此前，左思构思这篇赋的时候，当时有名的文学家陆机还嘲笑说："京城里有位狂妄的家伙写《三都赋》，我看他写成的东西只配给我用来盖酒坛子！"因此赋虽然写成了，却无人问津。

左思不甘心一腔心血就此付诸东流，于是找到了著名文学家张华。

张华细细地阅读了一遍《三都赋》，然后又问了左思创作动机和经过，当他再回头来体察句子中的含义和韵味时，为文中的句子深深感动了。最后，他爱不释手地称赞道："文章非常好！那些世俗文人只重名气不重文章，他们的话是不值一提的。皇甫谧先生很有名气，而且为人正直，让我和他一起把你的文章推荐给世人！"

皇甫谧看过《三都赋》以后也是非常欣喜，他对文章给予高度评价，并且欣然提笔为这篇文章写了序言。他还请来著作郎张载为《三都赋》中的《魏都赋》做注，请朱中书郎刘逵为《蜀都赋》和《吴都赋》做注。刘逵说道："世人常常重视古代人东西，而轻视新事物、新成就，这就是《三都赋》开始不传于世人原因啊！"

在这些名士的推荐下，《三都赋》很快风靡了京都，懂得文学之人无一不对它称赞不已。甚至以前讥笑左思的陆机听说后，也细细阅读一番，他点头称是，连声说："写得太好了，真想不到。"他断定若自己再写《三都赋》绝不会超过左思，便停笔不写了。由此，《三都赋》在京城洛阳广为流传，人们纷纷称赞，竞相传抄，一下子使纸价昂贵了几倍。后来纸张竟倾销一空，不少人只好到外地买纸再抄写。

如果没有张华、皇甫谧等人的大力推荐，还会有这番千古佳话吗？左思的才华确实是高，但是在当时那个"上品无寒门，下品无势族"的社会里，像左思那样的寒士要取得成功谈何容易！

况且，当时注重人物品评，对人的相貌、气质要求颇多，左思又是个貌陋口讷之人，没有这些名士相助，纵然有佳作，也只能待后世给予正视了。

孟浩然对王维叹道："当路谁相假，知音世所稀。"意思是世上的知音如此之少，有谁肯提携我辈？梁漱溟先生则给出了答案：应该去找寻朋友，只有他们才能真正懂你，也只有他们才能让你不再渺小。

PART2

益者三友，损者三友

君子先择而后交，小人先交而后择，故君子寡尤，
小人多怨

——《论语》

智慧悟语

交朋友的好处，没有人不知道；交朋友的坏处，没有人不担心。交到一个好朋友，等于交了一场好运；交到一个坏朋友，比发生一起火灾还可怕。

聪明人先选准人再交朋友，不聪明的人先交朋友再选择人。所以聪明人很少因交朋友带来麻烦，不聪明的人却经常因交朋友带来怨恨。

唐朝诗人孟郊曾写有《审交》一诗，专门分析了结交好、坏朋友的差别。诗中说："结交若失人，中道生谤言。君子芳杜酒，

春浓寒更繁；小人槿花放，朝在夕不存。唯当金石友，可与贤达论。"意思是说，如果与不可交之人结交，到了中途，就会出现诽谤，遭人议论。君子之间的交往，恰如那陈年佳酿，天气越冷，饮之愈觉香醇；与小人结交就如同槿花绽放，早上才开，晚上就谢了。只有与那些可以肝胆相照的人结下稳固的交情，才有资格跟贤达之士坐而论道啊！简单点说，就是如果人们交到坏朋友，其坏处不仅来自这个朋友本身，还会遭到其他人的排斥和非议。相反，如果人们交到好朋友，不但受人称道，也会吸引到更多的朋友。

点亮人生

如何识别某个人是否可交呢？

现代有人将人分为三等：一等人，有本事，没脾气；二等人，有本事，有脾气；三等人，没本事，有脾气。这是在劝告人们：要尽量结交有本事没脾气的一等人，包容有本事有脾气的二等人，远离那些没本事有脾气的三等人。

我无惧风雨，但抵不住最信任的人的背后一枪！

将这种看法和孔子的识人法结合起来，就可以得出这样的结论：有本事没脾气的人，是最值得交的朋友。但这种人极难得，偶然看见一个，不妨主动结交，千万不要错过。没本事有脾气的人，要尽量远离，以免惹祸上身。

可与共学，未可与适道。可与适道，未可与立。可与立，未可与权

——《论语》

智慧悟语

《论语》中孔子这句话的意思是说：有些人可以一起学习做人做事，一起经历人生，一起长大；年少时一直是十分要好的朋友，但却没有办法和他同走一条道路，不一定能共同成就一番事业。俩人思想目的不同，便没有办法共同相谋。虽然并不一定反目成仇，但却没有办法讨论计划同一件事，只好各走各的路。

有些朋友可以与之共赴事业，却无法共同创业，所谓"兄弟同心，其利断金"的事，在有些人身上无法实现。而另一些朋友可以共同创业，却无法共同守业，所谓"打江山易，守江山难"，当他的手中握有权力，反而会让他在错误的道路上越走越远。

现代社会常常喜欢讲究交际，仿佛认识的人越多，这个人越有影响力。其实，这种想法是错误的。蜻蜓点水地认识千万人，

不及推心置腹的几个人。专心对你的朋友，尽管这段路不一定同行，但是要懂得珍惜，要懂得尊重，懂得维护属于你的那一份心灵上的情感依托。但是，有的人会随着生活的环境而变化，这一秒他可能与你推心置腹，下一秒就可能将你出卖，因此，一旦发现一个朋友的原则思想和你有分歧，则应远离他。

点亮人生

《世说新语》中记载了一段著名的历史故事——管宁割席。

管宁与华歆本是从小玩到大的好朋友，恰同学少年结伴读书。一次，俩人一同在园中锄菜，地上有块金子，管宁视而不见，继续挥锄，视非己之财与瓦砾无异，华歆却将金子拾起察看，仔细想过之后又将金子丢弃了。此举被管宁视之为见利而动心，非君子之举。还有一次，俩人同席读书，外面路上有官员华丽的轿舆车马经过，前呼后拥十分热闹，管宁依旧同往常一样安心读书，而华歆却忍不住将书本丢到一边，跑出去看了一下热闹。此举被管宁视之为心慕官绅，亦非君子之举。于是，管宁毅然将俩人同坐的席子割开，与华歆分坐，断了交情，说："你不是我的朋友。"

故事被载入《世说新语》的德行篇。事情很小，而且是人们容易忽略的细枝末节，但正因其小，足见当时的士大夫、读书人品评他人与约束自己的尺度与交友之严，见微而知著，因小而见大。

我们且不评论管宁的做法是否正确，但其中的道理却引人深思。当朋友间所追求的东西差别悬殊时，朋友很有可能在以后的路上会分道扬镳。因此，朋友未必能够一路同行，有的朋友可以一起学习、一起创业，然而，随着人生经历的变化，有时也会在一个关键问题上出现分歧，使友情破裂，追求各自不同的人生。

人生就像是一台戏，每个人扮演的角色不同，台词和意图也不尽相同。当你感觉到跟对方的差异时，要看对方是不是能够成为你的朋友，或者对方值不值得你为了守候这份友情而付出。如果确定对方可以是很好的朋友，那么即使有一点差异，也要学会保留，学会尊重；如果确定彼此不是同路人，没有什么相处的必要，那么就应该大胆地割舍掉这份情谊，不做无畏的挣扎。

志同道合，才能走到一起，才能成为朋友。但每个人都会随着所处环境的改变而改变，如果他今天对你来说是益友，那么你可以继续维护这段友情，如果他今天对你来说是损友，那你就要抱着"只是同流不下流"的态度，尽量规劝他改过向善，如他不听你的规劝，那你应果断地远离，斩断这份友情。

忠告而善道之，不可则止，毋自辱焉

——孔子

智慧悟语

俗话说得好："良药苦口利于病，忠言逆耳利于行。"这话的确不假。但是，谁爱吃苦药呢？小孩常把吃苦药当成虐待，大人常把逆耳忠言视为人身攻击。所以，进"忠言"的结果有时是"好心没好报"，对方非但不感激，反而心生怨意。

以上下级为例，当上司有了不对的地方，你提出意见和建议，如果对于一个问题，说的次数多了，虽说是对公司与上级有益，有时也会招致上司的反感。对朋友也是一样，朋友有不对的地方，听不进你的建议，如果你劝告的次数过多，反而还会与你慢慢疏远，甚至变成冤家。所以，适可而止也是需要注意的一条交友之道。

中国文化中友道的精神，在于"规过劝善"，这是朋友的真正价值所在，有错误相互纠正，彼此向好的方向勉励，这就是真朋友，但规过劝善，也有一定的限度。朋友的过错要及时指出，"忠告而善道之"，尽心劝勉他，让他改正错误，但实在没有办法时，"不可则止"，就不要再勉强了。自古忠言逆耳，假如忠谏过分了，朋友的交情就没有了，尤其是共事业的朋友。历史上有许多先例，知道实不可为，只好拂袖而去，走了以后，还保持朋友的感情。

隋炀帝曾对大臣宣称："我天性不喜欢听相反的意见，所谓敢直谏的人，都自说其忠诚，但是我最不能忍耐。你们如果想升官晋爵，一定要听话。"对于这样冥顽不灵的人，不妨把所有的忠言都锁到保险箱，以免给自己招灾惹祸。

点亮人生

对于朋友，我们要尊重对方的选择，即便他的选择是错的，但如果规劝后无效，则随他去吧。

湖南才子王湘绮是曾国藩的幕友，当曾国藩率领的湘军在前方和洪秀全作战，开始露败象的时候，王湘绮想请假回家，曾国藩起初并不同意。

有一天晚上，曾国藩因事去找他，看见他正坐在房里专心看书，就站在后面不打扰他。差不多半个时辰，王湘绮还没察觉，曾国藩又悄悄地退回去了。

第二天早上，曾国藩就送了很多钱，诚恳地安慰一番，让王湘绮立刻回家。有人问曾国藩，为什么突然决定让王湘绮回去？曾国藩说，王先生去志已坚，无法挽留了，何必勉强呢？再问曾国藩何以知道王湘绮去志已坚？曾国藩说，那天晚上去王湘绮那里，他正在看书，可是半个时辰没有翻过书。可见他不在看书，在想心思，也就是想回去，所以还是让他回去的好。

看到朋友正走在错误的道路上，你不能见死不救，非要将他扳回正道来，那你就必须把握给人忠告的三个原则。

1. 在说逆耳的忠言前，先多说顺耳忠言，肯定对方的优点，然后再说上规劝的话，人家也就容易接受了。正如《菜根谭》所说："攻人之恶毋太严，要思其堪受；教人之善毋过高，当使其可从。"在任何时候，我们都要顾及对方的自尊心，不能因为自己的意见是对的，就理直气壮地坦率陈言。

2. 让对方真真切切地感受到你的好意。讲话时态度一定要谦和诚恳，用语不能激烈，否则对方就会以为你在教训他；也不必过于委婉，否则他会认为你惺惺作态。

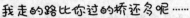

我走的路比你过的桥还多呢……

3. 选择适当的场合。原则上讲，最好避开第三者，以一对一方式进行，以免让对方产生当众出丑的感觉。

总之，在对朋友给予忠告时，只要能让朋友明白你的苦心真情，即便是他最后决定不听取你的意见，也不至于怨恨你，毁坏彼此的友情。

第十篇

爱情：
情为何物，竟让人放不下

错过了，就是一辈子

要能放下，才能提起。提放自如，是自在人

——圣严法师

智慧悟语

当爱情来临的时候，我们要知道珍惜；当失去爱情的时候，我们也要懂得放手。

一朵花该谢的时候它就会谢，一个人该走的时候他就会走。有时候，缘分是没有道理可讲的，也许你还爱着，对方却已经转身。珍惜曾经拥有的缘分，缘分尽了就放手，不要纠缠更不要报复，不要将曾经美好的回忆都化作虚无。

点亮人生

当爱情走到尽头，不论你曾深爱的他或她带给你多大的伤害，请不必怀恨在心，因为爱情的结束也意味着伤害的结束。与其花时间花精力去向一个坏男人或坏女人报复，倒不如花时间去寻找你真正的人生伴侣，你的幸福，其实就是对他或她最好的报复。

他们曾是一对恋人，他们曾经非常相爱，在最好的年华里，发誓要永远和对方在一起。

可是，世事无常，终有一天他说，算了吧，我们分开吧。

她不肯分，死缠烂打，让他赔偿自己的青春。这么多年，怎么可能说完就完？于是她打骚扰电话，散布谣言，跑到他的单位去找他，砸他的玻璃砸他的车。他说，不要再纠缠了。她却偏不死心。

后来她开始想杀了他，他们说过死也要在一起的。她买了一把锋利的匕首，想象着刀子刺进他心脏的感觉，感觉到痛苦又快乐。

但还没有等到她下手，他就被推到她的急诊室，因为深夜开车时候出了意外。

她看见他伤得极重，蜷缩地躺在病床上，已经陷入昏迷还痛苦地紧皱双眉。机会来得如此容易，她甚至不用特意去找他。她站在手术台前，感到对方的生命就在自己的手里，她亲自为他麻醉，不禁全身颤抖。

拿起手术刀的时候，她却突然镇静下来，想起自己身为医生的职责，想起那些快乐的日子里，他说如果你受伤了我也会痛。原来他受伤了，自己真的也会痛。

手术很成功，她下了手术台之后，发现自己的衣服全湿了，出了手术室一刹那就泪流满面。原来，曾经爱过就是彼此的慈悲。她以为恨就会永远去恨，她以为不爱了就恨不得对方死。但是她没有想到，当他真的面临生死时，当他需要她救助时，她还是挺身而出了。她以为分手了自己会希望他死，原来不是。

他后来问她，你不是说过要杀我吗？为什么给了你机会，你却没有下杀手？

她答，因为爱过，所以慈悲。他听了，流下了眼泪。

在爱情里，被留下来的一定会有伤痛，每个人受到伤害以后，都会想方设法减轻自己的痛苦，这是人的生存本能，无可厚非。可是，有些人却会产生报复心理，把自己的痛苦加倍放大，然后转嫁到别人身上去，仿佛这样就可以成倍地捞回自己所受的损失。这是很危险的。报复别人，最终被伤害的是自己。事实上，生活对每一个人都是公平的，它既不会让一个人永远失去，也不会让一个人永远得到，只要你真诚地对待它，洒脱放手是对对方的成全，也是对自己的慈悲。

若分手，便是缘分还不够，那就选择随缘吧，不必纠缠，更不要想着报复。缘起缘灭之间，就像徐志摩的《偶然》：

我是天空里的一片云，

偶尔投影在你的波心——

你不必讶异，

更无须欢喜——

　　感悟人生　❀　一句话点亮人生

在转瞬间消灭了踪影。

你我相逢在黑夜的海上，

你有你的，我有我的，方向；

你记得也好，

最好你忘掉，

在这交会时互放的光亮！

没有一场深刻的恋爱，人生等于虚度

——罗曼·罗兰

智慧悟语

感情是说不清也道不明的，也是生活中最难解释的，感情不在于是不是两个人真的就爱了，而是难于爱的维持与持久，俩人在一起一天好走，但一辈子却很难。生活毕竟是现实的，人也是需要经历这样那样的考验，不单单是一句"我爱你"就能解决的。

人生中会有很多意想不到的事情，人们要有足够的耐心去面对。人就是这样的，总要经历一些事情，才会明白一些道理，虽然人生变化多端，但是两个真正相爱的人是要经受考验才能懂得更加珍惜对方。虽然男人会有心事，女人也会有情怨，但是作为一个男人都要记住这样的一句话：不要轻易让一个女人受伤；作为女人也应该记住：不该让男人太累。俩人只有相互理解、尊重，才能让爱情变得更加长久与幸福。

人世间有一个"情"字，就注定了有很多人会为情所伤。因为感情确实是很复杂的东西，因为它的敏感与细致，所以往往会让人毫无保留，也就是到最后放下了自身的防御，这个时候如果受伤，将会伤得很严重。有人说，感情向来都是双面的刃，感情既可伤害别人也可以伤害自己，它既可以有光华耀眼的美丽，也会有让人锥心刺骨的痛楚。

其实，每个人都知道，一个值得爱的人并不是很容易找到的，大千世界又是那么的大，有时候人们可能要花费几年的时候，甚至是几十年的时间来寻找这个人，这个寻找的过程是很辛苦的，这其中也会有烦恼、忧愁，彷徨、失落，一旦找到后千万不要轻易放弃。因为感情的伤口是很难愈合的，即使是愈合了也会留下一个伤疤，在过后的漫长岁月里，只要有个阴雨斜风，人们都会隐隐作痛。

一个真正懂得爱的男人是不会让一个女人受伤的，不管这个

感悟人生　一句话点亮人生

女人是不是他的最爱，但是男人有他的责任，虽然不是所有的男人都一样的善良。

对一个好男人来说，如果一个女人是自己的最爱，那么伤害她还不如伤害自己，更何况，爱一个人不就是要她能获得幸福吗？如果你不爱她，那么就不要轻易开始，一旦开始就不要轻易结束。

点亮人生

在当今的社会，不管是少男少女，还是成熟男女，每个人都无法与爱情抗争，如果说有人快乐着，那就必定意味着也会有人会痛苦着，如果说男人有了心事，那么，女人也会有情怨。

在爱的世界里，两个人难免会有不理解和伤害对方的时候，但如果人们在做每件事之前都为双方考虑，那么一切的问题与困难自然就会迎刃而解了！要想爱情甜蜜，婚姻美满，那么就请女人们理解男人，男人也该理解女人。一份完美的爱情和一个美满的家庭，都要靠互相尊重和理解才能经营下去。

不是每个男人都是骑着白马的王子，所以，女人不要对自己的另外一半过于苛求，平时不要总嫌弃对方不够高大和英俊，也不要责怪他送给你的只是一双手套而不是九十九朵玫瑰，因为男人的心也会受伤，女人要懂得接受这种默默无闻的爱，这种平淡的爱才是最真实与自然的。

不是所有的男人都会把爱挂在嘴边，所以，女人不要总是逼着男人回答"你爱我吗"，或者是当男人回答的不够干脆时就心生怀疑，不要让他把这种回答变成一种无奈的习惯。女人要相信真正的爱是不用说出来的，爱的行为也会让人沉浸在无言的感动里，当男人静静地看着你微笑时，当他轻轻地抚摩你的头发时，当他自然地牵着你的手时，你要相信，这就是爱。

不是每个男人都善于反驳，所以，当出现误会的时候对方表现的沉默不语时，请不要推开他。也许在他看来那只是一件他绝不会做的事，一个真正的男人对待事实，往往不会有太多解释。

要知道，男人不是超人，所以，当他不能在你有困难时第一时间出现的时候，女人不要过于责难对方，因为在你无助时他不能守在你的身边，那份担心已经是对他最大的惩罚。当他事后关心地询问时，女人不要不理睬，不要生气地扭过头去。你只要温柔地告诉他已经没事了，不要牵挂，那就是最好的回答。

也许，男人总搞不懂女人在想什么。所以，当女人故意说不理他，他却真的走开时，请不要在那儿跺脚生气，发誓要惩罚他。要知道，此时一头雾水的男人心里比你还要郁闷。如果男人总不能领会你的意思，那么，就请女人明白地告诉他，这样的话两个人都会轻松许多，而女人也可以得到你真正想要的，为什么不呢？

男人也要有自己的生活。他们也许会迷恋游戏，也会约朋友一起出去喝酒、打牌。这个时候，女人请不要短信电话步步紧逼，也不要逼问他为什么不带你一块前往。每个人都需要有自己的空间。

女人给彼此足够的空间才会有新鲜的空气。男人也会有受伤的时候，也会有莫名的低落情绪。所以，当他的脸上写满疲惫，眼中充满厌倦，工作充满无奈与抱怨时，请不要在这个时候去追问他是不是不爱你了。要知道，这个时候说甜言蜜语哄人，谁也做不到。女人此时只要安静地陪在他身边就好。

总说，男人不懂女人心，可有时候，女人是不是也会常常忽略他们的感受呢？男人有义务陪女人，又没有权利放弃工作。在坚强的标志下，男人只有一并承担。

生活本来就很让人疲惫，当男人在为将来打拼的时候，女人就让男人好好休息吧。

相反，男人不该让女人伤心，女人生来就是需要被呵护的。在女人理解男人的时候，男人该用一颗真诚的心去回报女人对自己的爱！

死生契阔，与子成说。执子之手，与子偕老

——《诗经》

智慧悟语

真正的爱情是一种持之以恒的情感，而唯有时间才是爱情的试金石，唯有超凡脱俗的爱才能经得起时间的考验。真正的爱情是一种持之以恒的长久而稳定的情感。

很久以前，我们的祖先就在追求这种持之以恒、矢志不渝的爱情。"执子之手，与子偕老。"唱出了人类对于爱情的共同心声。一直到今天，我们还是在追求这种爱情，我们也在歌里唱道："我能想到最浪漫的事，就是和你一起慢慢变老，直到我们老得哪儿也去不了……"我们之所以钟情于这种爱情，就是因为经得住时间考验的爱情才能算得上是真正的爱情。

点亮人生

一个小岛上，住着快乐、悲哀、爱……

一天，他们得知小岛快要下沉了。于是，大家都准备船只，离开小岛。只有爱留了下来，她想要坚持到最后一刻。

过了几天，小岛真的要下沉了，爱想请人帮忙。

这时，富裕乘着一艘大船经过。

爱说："富裕，你能带我走吗？"

富裕答道："不，我的船上有许多金银财宝，没有你的位置。"

爱看见虚荣坐在一艘华丽的船上，说："虚荣，帮帮我吧！"

"我帮不了你，你全身都湿透了，会弄坏了我这艘漂亮的船。"

悲哀过来了，爱向她求助："悲哀，让我跟你走吧！"

"哦……爱，我实在太悲哀了，想自己一个人待一会儿！"悲哀答道。

快乐走过爱的身边，但是她太快乐了，竟然没有听到爱在叫她！

突然，一个声音传来："过来！爱，我带你走。"

这是一位长者。爱大喜过望，竟忘了问他的名字。登上陆地以后，长者独自走开了。

爱对长者感恩不尽，问另一位长者知识："帮我的那个人是谁啊？"

"他是时间。"知识老人答道。

"时间？"爱问道，"为什么他要帮我？"

知识老人笑道："因为只有时间才能理解爱有多么伟大。"

快乐不是爱，金钱不是爱，悲哀也不是爱，那么什么才是真爱呢？是能够经得起时间检验的那种真挚的感情！

因此，如果我们遇到了一份经得住时间考验的爱情，一定不要错过了，那可能是你一生难遇一次的真爱。如果我们相爱了，那么就要学会爱、坚守爱、珍惜爱，把"与子偕老"的誓言化为相守的幸福。

以自在的爱接纳所爱

——马斯洛

智慧悟语

马斯洛认为，在爱情中，人们应该做的事情就是顺其自然。而且，情感健康的人更容易达到忘我的境界。忘记自我可以使我们的大脑更加有效地进行思考、学习以及从事其他活动。

他说，没有选择性的认知，意味着按其本来面目接受一种体验或者一个人，而不是试图对其进行控制或加以改变。支配、干涉、"要求"甚至改变对方的方式是违背了交往的原则的，并不利于彼此之间的进一步交流亲昵。

马斯洛说，世界广大，视若空荡，时光流逝，置若罔闻。正如人在音乐中完全忘记了自我，这种忘我之爱才真的让人弥足珍惜。

点亮人生

对于爱情，很多人一直执着于自己内心的一个标准：爱情是一种浪漫的体验。这种体验使任何事物在恋爱者的眼中，都是一种美好。爱情中不能没有浪漫，没有浪漫，也就没有了爱情，然而，爱情的浪漫毕竟只是一种主观的、很缥缈的东西，总是依赖于一种现存的事情上，没有现实做基础的爱情是不牢固的，总有一天泡沫破了，梦也就醒了。

爱，是柔和的、温暖的，而如果我们在爱中抱有某些目的，例如，力图使对方有所改变，或是与别处或者以前认识的其他人相比较，我们就难以完全融入爱的体验中，且会损伤我们的爱的体验。那样，爱，也就显得并不美好和令人幸福了。

浪漫女和现实男是一对恋人，他们俩如漆似胶地相爱着，真可以说是一日不见，如隔三秋。

一次，为了考察现实男对自己的忠诚程度，浪漫女问："你到底爱不爱我？""十二分的爱你！"现实男回答。"那假设我去世了，你会不会跟我一起走？"

　　"我想不会。"

　　"如果我这就去了，你会怎样？"

　　"我会好好活着！"

　　浪漫女心灰意冷，深感现实男靠不住，一气之下和现实男分开了，去远方寻觅真爱。

　　浪漫女首先遇到了甜言，接着又碰见蜜语，都在相处一年半载后，均感不合心意。过烦了流浪的日子，浪漫女通过比较，觉得现实男还是多少出色一些，就又来到现实男面前。此时，现实男已重病在床，奄奄一息。浪漫女痛心地问："你要是去世了，我该咋办呢？"现实男用最后一口气吐出一句话："你要好好活着！"

　　浪漫女猛然醒悟。

　　人们总是发现，走了一圈，又回到了原点，不免懊悔浪费了大好人生。所以，要设身处地地感受，顺其自然地爱，而不是因爱毁了自己的世界。

　　真正的浪漫不是浅薄的、程式化的甜言蜜语，也不是死去活来的心灵激荡；它更应该是一种现实的温馨与美好，是一种全心全意为对方着想的相互关爱——这才是爱情的真谛！真正的爱情只有蜕变成亲情才能永存，浪漫只能是一时的风花雪月，再美丽的爱情到最后也要踏踏实实过日子。生命苦短，几十载光阴，如梦般飘逝无痕，如果能和自己心爱的人，在余晖下相依携手看天边的浮云，看飘零的枫叶，这何尝不是人世间最大的幸福呢？就像那对背着爱人上天桥的恋人一样，真正的浪漫并非全是烛光晚餐加玫瑰香槟。浪漫有时只是一种质朴至纯的表达，并不需要过多的物质条件。浪漫不是华丽语言的伪饰，它需要我们用行动来表达。浪漫，从来都是一种相濡以沫的支持，或是风雨中一起面对的豪情。浪漫，本色至纯！

莉莎和男朋友分手了，处在情绪低落中，从他告诉她应该停止见面的一刻起，莉莎就觉得自己的整个生活被毁了。她吃不下、睡不着，工作时注意力集中不起来，人一下消瘦了许多，有些人甚至认不出莉莎来。一个月过后，莉莎还是不能接受和男朋友分手这一事实。

一天，莉莎坐在教堂前院子的椅子上，漫无边际地胡思乱想着。不知什么时候，身边来了一位老先生，他从衣袋里拿出一个小纸口袋开始喂鸽子。成群的鸽子围着他，啄食着他撒在地面上的面包屑。他转身向莉莎打招呼，并问她喜不喜欢鸽子。莉莎耸了耸肩说："不是特别喜欢。"

他微笑着告诉莉莎："当我是个小男孩的时候，我们村里有一个饲养鸽子的男人。那个男人为自己拥有鸽子而感到骄傲。但我实在不懂，如果他真爱鸽子，为什么把它们关进笼子里，使它们不能展翅飞翔呢？所以我问了他。他说：'如果不把鸽子关进

感悟人生 ❀ 一句话点亮人生

笼子，它们可能会飞走，离开我。'但是我还是想不通，你怎么可能一边爱鸽子，一边却把它们关在笼子里，阻止它们要飞的愿望呢？"

莉莎有一种强烈的感觉，老先生在试图通过讲故事，给她讲一个道理。虽然他并不知道莉莎当时的状态，但他讲的故事和莉莎的情况太接近了。莉莎曾经强迫男朋友回到自己身边，她总认为只要他回到自己身边，就一切都会好起来的。但那也许不是爱，只是害怕寂寞罢了。

老先生转过身去继续喂鸽子。莉莎默默地想了一会儿，然后伤心地对他说："有时候要放弃自己心爱的人是很难的。"他点了点头，但是，他说："如果你不能给你所爱的人自由，你并不是真正地爱他。"

我们给了对方多少自由，又给了对方多少爱呢？我们常常渴望爱情，但拥有爱情却往往不去珍惜，或是苛刻占有，长此以往，脆弱的爱情往往不堪考验而劳燕分飞。那时，彼此要怎么办？很多人会选择懊悔，甚至乞求对方不要离开或是怨恨对方。

其实，我们寻求爱，努力爱为的是什么呢？不过是爱的美好与幸福罢了。如果爱已经变成了约束的牢笼，那么这种爱还是真正的爱吗？以自在的爱去爱，彼此才能真正享受美好。

爱只是一颗种子，并不能够改变土壤

——海灵格

智慧悟语

我们总是认为，只要有爱，生活便会万事大吉，因为爱使人感到奋进和温暖。或者，我们会认为，虽然现实不令人满意，但只要有爱，有这种令人发狂的力量，爱就能弥补彼此间的一切损失。

在《谁在我家》一书中，海灵格谈到了爱的力量。他认为，伴侣之间的爱的顺利发展，对于双方来说都必不可少，可是在自然环境这个更大的系统中，我们彼此之间的爱并不是主要的角色，是没有办法左右时间的车轮滚滚向前的。用心良苦的愿望和闭门

感悟人生 一句话点亮人生

造车式的设想都是不切实际的。

　　或许我们相信爱，即便是不相信爱，也会相信感情。然而，爱是不能改变乾坤的。除非爱加上了彼此共同的、没有丝毫含糊的努力。

点亮人生

　　《生命的鞭》是琼瑶的经典著作《六个梦》中的第四梦，这是一个关于富女嫁穷男的贫贱夫妻的故事，故事让人感伤而无可奈何，也是爱的警钟。

　　上海大富豪胡全的独生女儿，外号叫作"神鞭公主"的胡茵茵，在一次偶然的机会与穷青年画家孟玮相遇，双双坠入爱河。

　　茵茵不顾父亲断绝父女关系、要将她扫地出门的威胁，带着自己美好的爱情梦想与孟玮生活在了一起，主动、坚决而高傲地放弃了自己高贵的小姐身份。

　　原以为只要俩人相爱就能过上幸福的生活，但是社会生活的压力让他们喘不过气来。茵茵往日的丰肌玉脂，慢慢被生活折磨得骨瘦如柴，真正体会到了"贫贱夫妻百事哀"的滋味。然而她还是坚持着，她相信，孟玮的艺术家身份总有一天会被社会承认的。

　　不能给自己心爱的女人幸福生活，孟玮在一种焦灼状态中被打垮了。他的脾气变得越来越暴躁，整天整夜酗酒。酒，是件奇妙的东西，多饮则迷失本性。孟玮居然开始撒酒疯、殴妻。

家常便饭的殴打让茵茵心惊胆战。她劝说，在孟玮清醒的时候。孟玮忏悔、发誓。茵茵一次次地相信他。

她坚信，只要有足够的爱，她是可以感化他的。她坚持着这个错误的信念，不离开他，越来越迁就他，还生下了女儿。然而，执拗让她付出了沉痛的代价。

在一个风雨交加的夜晚，孟玮再次拳脚相加，甚至威胁到小小的孩子的时候，茵茵抱起女儿逃出了家门。她找不到可以遁身的地方，于是抱着女儿绝望地投进了无边无际的湖水。孟玮从此疯了。

爱情，是一个说不尽的话题。爱情里面，有时是没有道理可言的。然而，爱里有感受，我们感受到好便会好，好需要一种平衡，哪怕对方没有要求也要铭记于心。

爱，也不是单向的，不是卑微的，不是被恩赐得来的。所以，在爱情里面，彼此始终应该是平等的，是需要双方的参与和努力的。只有真正平等的伴侣关系，才真正有益于爱的发展。

感悟人生 一句话点亮人生

图书在版编目（CIP）数据

感悟人生：一句话点亮人生 / 宿文渊编著 . -- 北京：中国华侨出版社，2017.5（2019.1 重印）

ISBN 978-7-5113-6716-7

Ⅰ.①感… Ⅱ.①宿… Ⅲ.①人生哲学—通俗读物Ⅳ.① B821-49

中国版本图书馆 CIP 数据核字（2017）第 058534 号

感悟人生：一句话点亮人生

编　　著：	宿文渊
出 版 人：	刘凤珍
责任编辑：	高文喆
封面设计：	施凌云
文字编辑：	胡宝林
美术编辑：	杨玉萍
经　　销：	新华书店
开　　本：	880mm×1230mm　1/32　印张：8　字数：200 千字
印　　刷：	三河市万龙印装有限公司
版　　次：	2017 年 5 月第 1 版　2021 年 3 月第 5 次印刷
书　　号：	ISBN 978-7-5113-6716-7
定　　价：	36.00 元

中国华侨出版社　北京市朝阳区西坝河东里 77 号楼底商 5 号　邮编：100028

法律顾问：陈鹰律师事务所

发 行 部：（010）58815874　　　传　真：（010）58815857

网　　址：www.oveaschin.com　　E－mail：oveaschin@sina.com

如果发现印装质量问题，影响阅读，请与印刷厂联系调换。